BACCHARIS DRACUNCULIFOLIA

FUNDAÇÃO EDITORA DA UNESP

Presidente do Conselho Curador
Mário Sérgio Vasconcelos

Diretor-Presidente
José Castilho Marques Neto

Editor-Executivo
Jézio Hernani Bomfim Gutierre

Assessor Editorial
João Luís Ceccantini

Conselho Editorial Acadêmico
Alberto Tsuyoshi Ikeda
Áureo Busetto
Célia Aparecida Ferreira Tolentino
Eda Maria Góes
Elisabete Maniglia
Elisabeth Criscuolo Urbinati
Ildeberto Muniz de Almeida
Maria de Lourdes Ortiz Gandini Baldan
Nilson Ghirardello
Vicente Pleitez

Editores-Assistentes
Anderson Nobara
Jorge Pereira Filho
Leandro Rodrigues

José Maurício Sforcin,
João Paulo Barreto de Sousa,
Ademar Alves da Silva Filho,
Jairo Kenupp Bastos,
Michelle Cristiane Búfalo,
Lígia Ribeiro da Silva Tonuci

Baccharis dracunculifolia

Uma das principais fontes vegetais da própolis brasileira

© 2012 Editora UNESP

Direitos de publicação reservados à:
Fundação Editora da UNESP (FEU)

Praça da Sé, 108
01001-900 – São Paulo – SP
Tel.: (0xx11) 3242-7171
Fax: (0xx11) 3242-7172
www.editoraunesp.com.br
www.livraria.unesp.com.br
feu@editora.unesp.br

CIP – BRASIL. Catalogação na fonte
Sindicato Nacional dos Editores de Livros, RJ

B116

Baccharis dracunculifolia: uma das principais fontes vegetais da própolis brasileira / José Maurício Sforcin et al. São Paulo: Editora Unesp, 2012.
il.
Inclui bibliografia
ISBN 978-85-393-0376-2

1. Própolis – Uso terapêutico. I. Sforcin, José Maurício.

12-9356
CDD: 615.36
CDU: 615.36

Este livro é publicado pelo projeto *Edição de Textos de Docentes e Pós-Graduados da UNESP* – Pró-Reitoria de Pós-Graduação da UNESP (PROPG) / Fundação Editora da UNESP (FEU)

Editora afiliada:

Asociación de Editoriales Universitarias
de América Latina y el Caribe

Associação Brasileira de
Editoras Universitárias

SUMÁRIO

Considerações iniciais 7

1 Interação entre as abelhas e a *Baccharis dracunculifolia* para a elaboração da própolis 9
   José Maurício Sforcin

2 Aspectos de cultivo e influência da sazonalidade em compostos da *Baccharis dracunculifolia* 17
   João Paulo Barreto de Sousa, Jairo Kenupp Bastos

3 Fitoquímica da *Baccharis dracunculifolia* 37
   Ademar Alves da Silva Filho

4 Atividades biológicas da *Baccharis dracunculifolia* 45
   Ademar Alves da Silva Filho, José Maurício Sforcin,
   Lígia Ribeiro da Silva Tonuci, Michelle Cristiane Búfalo

5 Controle de qualidade das partes aéreas da *Baccharis dracunculifolia* 69
   João Paulo Barreto de Sousa, Jairo Kenupp Bastos

Conclusões 87
Referências bibliográficas 89

Considerações iniciais

O presente livro versa sobre a *Baccharis dracunculifolia*, conhecida como alecrim-do-campo, sendo a principal fonte vegetal de própolis no sudeste brasileiro.

Atualmente, essa planta tem despertado o interesse de inúmeros pesquisadores, no sentido de investigar suas propriedades biológicas e explorar seu potencial terapêutico.

Inicialmente, é enfocada a relação entre as abelhas *Apis mellifera* L. e a *Baccharis dracunculifolia* para a produção de própolis. Considerando a importância dessa planta, são apresentados os estudos de cultivo e da influência da sazonalidade nas plantas cultivadas. Na sequência, são abordados os aspectos fitoquímicos da *Baccharis dracunculifolia* nativa, descrevendo o isolamento e a identificação de seus metabólitos secundários até o presente, bem como o desenvolvimento de métodos analíticos por cromatografia das fases líquida e gasosa. Finalmente, são apresentadas e discutidas importantes atividades biológicas atribuídas à *Baccharis dracunculifolia* descobertas até o presente momento.

Considerando o uso crescente de produtos naturais para os mais diferentes fins, este livro visa apresentar à comunidade acadêmica e ao público em geral informações sobre o desenvolvimento de novos medicamentos fitoterápicos a partir de plantas medicinais ou produtos apícolas. Todas as informações têm embasamento científico, pois são fruto de pesquisas realizadas com protocolos experimentais consolidados junto à comunidade científica.

1
INTERAÇÃO ENTRE AS ABELHAS E A *BACCHARIS DRACUNCULIFOLIA* PARA A ELABORAÇÃO DA PRÓPOLIS

José Maurício Sforcin

A composição química da própolis depende da fonte vegetal disponível em uma determinada área, sendo, portanto, variável de acordo com a região geográfica e a flora local. Após criteriosa observação das plantas visitadas pelas abelhas na região de nosso apiário (Unesp, *campus* de Botucatu), verificamos que a principal fonte de própolis é a *Baccharis dracunculifolia*, seguida da *Araucaria angustifolia* e do *Eucalyptus citriodora* (Bankova et al., 1999). Contudo, a identificação dessas três espécies vegetais não exclui a possibilidade de outras plantas contribuírem minoritariamente na elaboração da própolis, embora tenha sido sugerido que as abelhas não mudam a composição química da própolis em uma região geográfica específica, por visitarem essencialmente as mesmas fontes vegetais (idem, 2000). De acordo com Bastos (2001) e Sawaya et al. (2004), a *Baccharis dracunculifolia* é a principal fonte botânica da própolis produzida nos estados de Minas Gerais e São Paulo.

A *Baccharis dracunculifolia* DC (Asteraceae), conhecida popularmente como alecrim-do-campo e vassourinha, é nativa do Brasil, onde ocorre nas regiões Sul, Sudeste e Centro-Oeste, principalmente nas áreas de cerrado, em pastagens abandonadas e em áreas em processo de sucessão (Park et al., 2004). Essa planta é um arbusto lenhoso, podendo atingir até 4 metros de altura, sendo uma espécie perene, dioica, reproduzida por sementes e apresentando galhos bastante ramificados. Suas folhas apresentam tricomas tectores e glandulares (Figura 1), os quais, além de atuarem como barreira contra o ataque de predadores que tentam alimentar-se dos tecidos vegetais, auxiliam na interação dessa espécie com as abelhas para a coleta do material resinoso (Spring, 2000; Teixeira et al., 2005).

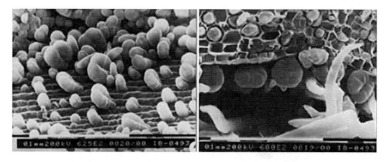

Figura 1 – Tricomas glandulares da *Baccharis dracunculifolia* localizados na superfície de suas folhas, visualizados por microscopia eletrônica (Bastos, 2001)

Durante a coleta de resina para a elaboração da própolis, as abelhas *Apis mellifera* fragmentam ápices vegetativos de *Baccharis dracunculifolia*, tais como brotos, primórdios foliares e folhas jovens, e, utilizando o primeiro par de patas, movem a resina destas para as patas medianas e, então, a colocam na corbícula. Muito raramente, o material é transferido diretamente do primeiro par de patas para a corbícula. São gastos, em média, sete minutos para a coleta da resina e seu depósito na corbícula (Park et al., 2004; Teixeira et al., 2005). A *Baccharis dracunculifolia* produz óleos essenciais caracterizados por aroma forte e exótico, e as abelhas, por possuírem antenas com alta capacidade olfatória, visitam os ápices foliares e depois se deslocam para outras plantas (Spring, 2000; Gonçalvez et al., 2005). Bastos (2001) relatou que as abelhas não coletam o material resinoso da *Baccharis dracunculifolia* quando essa planta está em época de floração, mas sim durante seu crescimento, período este responsável pela produção de metabólitos secundários no vegetal, importante para a interação com insetos e predadores. A resina, repleta de fragmentos epidérmicos e tricomas glandulares, é carregada para a colmeia e utilizada na elaboração da própolis denominada "verde" (Figura 2), devido à sua origem botânica, pois as abelhas carregam tecidos jovens contendo clorofila, como brotos vegetativos de *Baccharis dracunculifolia*. As folhas jovens contêm pelos secretórios com óleos voláteis e aromáticos, conferindo o aroma típico da própolis verde (Salatino et al., 2005). A própolis coletada em uma determinada região nem sempre apresenta a mesma coloração ao longo do ano, podendo variar entre amarelo-claro e vermelho escuro, dependendo da sua origem botânica e da época do ano.

Figura 2 – *Apis mellifera* coletando em ápices vegetativos de *Baccharis dracunculifolia* para, em seguida, produzir a própolis verde (da Silva Filho, 2006; Sousa, 2007)
Fotos: Esther M. F. Bastos e Néctar Farmacêutica Ltda.

A palavra "própolis" tem origem grega ("pro" = em prol, em defesa; "polis" = cidade), sendo um termo genérico utilizado para denominar o material resinoso e balsâmico coletado e processado pelas abelhas a partir de diversas partes das plantas, como brotos, ramos, cascas de árvores, exsudatos resinosos e botões florais (Bankova, 2005). Após a coleta, esse material é transportado até a colmeia, onde as abelhas adicionam cera e secreções glandulares

(Burdock, 1998). As abelhas utilizam a própolis para a construção e manutenção de suas colmeias, sendo empregada para selar aberturas nestas, visando controlar variações de temperatura, principalmente no inverno. A própolis também é utilizada para embalsamar invasores que morrem no interior da colmeia, evitando sua decomposição, além de contribuir para manter um ambiente interno asséptico, protegendo-o contra bactérias e vírus (Salatino et al., 2005).

De maneira geral, a matéria-prima da própolis é composta, aproximadamente, por 50% de resina, 30% de cera de abelha, 10% de óleos aromáticos e essenciais, 5% de pólen e 5% de outras substâncias variadas, incluindo componentes introduzidos durante a elaboração da própolis (Burdock, 1998). À temperatura de 15 °C a própolis é uma substância dura, tornando-se maleável a partir de 30 °C. Os constituintes da própolis podem ser extraídos por meio de solventes como etanol, éter, acetona, tolueno e tricloroetileno (Cunha et al., 2004). Quimicamente, sua composição é considerada extremamente complexa, variando conforme a localização geográfica, ecologia vegetal da região e variabilidade genética das abelhas. A literatura revela, ainda, que foram identificados mais de trezentos componentes presentes na própolis. Os flavonoides (flavonas, flavonóis e flavononas) são considerados os principais compostos responsáveis pelas propriedades farmacológicas da própolis europeia, tendo como origem botânica principalmente as plantas do gênero *Populus*. Já os principais componentes biologicamente ativos da própolis brasileira são os ácidos diterpênicos e ácidos *p*-cumáricos prenilados. Encontram-se também chalconas, ácido benzoico, benzoaldeído, compostos fenólicos, ácido cinâmico e derivados, ácido cafeico e derivados, diterpenos e triterpenos (De castro, 2001).

Os compostos presentes na própolis produzida em nosso apiário (Unesp, *campus* de Botucatu) foram isolados e identificados por Bankova et al. (1998), incluindo flavonoides em pequenas quantidades (4'-O-metil canferol, 5,6,7-trihidroxi-3,4'-dimetoxiflavona, aromadendrina-4'-metil éter); ácido 3-prenil-p-cumárico (drupanina) e dois benzopiranos: E e Z 2,2-dimetil-6-carboxietenil-8-prenil-2H-benzopiranos); óleos essenciais (espatulenol, (2Z, 6E)-farnesol, benzoato de benzila e acetofenonas preniladas); ácidos aromáticos (diidrocinâmico, p-cumárico, ferúlico, cafeico, 3,5-diprenil-p-cumárico (artepilina), 2,2-dimetil-6-carbóxi--etenil-8-prenil-2H-1-benzo-pirano), diterpenos e triterpenos, entre outros.

Variações sazonais na composição da própolis não são significantes, mas sim predominantemente quantitativas, havendo concentrações significativas dos compostos biologicamente ativos em todas as estações sazonais (ibidem). Este fato é uma indicação de que as abelhas coletam a própolis do mesmo grupo de plantas, havendo predominância de uma fonte vegetal.

A própolis possui inúmeras propriedades biológicas e farmacológicas, tendo sido utilizada na área médica desde a Antiguidade. Os sacerdotes do antigo Egito utilizavam-na para embalsamar seus mortos. Posteriormente, os gregos beneficiaram-se de suas propriedades antisséptica e cicatrizante. Países do leste europeu utilizavam esse produto apícola no tratamento de doenças infecciosas. No Brasil, seu uso é amplamente difundido, sendo empregada na medicina popular para o tratamento da tuberculose, de úlcera duodenal, de distúrbios gástricos, na redução da febre, contra doenças inflamatórias, como agente anestésico, anticancerígeno, bem como por sua propriedade antimicrobiana (Salatino et al., 2005). Há diversos produtos contendo própolis comercializados em todo o mundo, tais como balas, doces, gomas, hidratantes, xampus, soluções antissépticas, dentifrícios, entre outros (Castaldo e Capasso, 2002).

Há diversos artigos científicos que ilustram a diversidade de atividades biológicas da própolis, tais como antitumoral, antioxidante, anti-inflamatória, antiúlcera, antiparasitária, antimicrobiana, imunomoduladora, entre outras (Reis et al., 2000; Banskota et al., 2001; Leitão et al., 2004; Simões et al., 2004; Barros et al., 2007; Barros et al., 2008; Sforcin, 2007; Tavares et al., 2006; Sforcin et al., 2008; da Silva Filho et al., 2008a; Jorge et al., 2008; Búfalo et al., 2009; Sartori et al., 2009; da Silva Filho et al., 2009).

14   JOSÉ M. SFORCIN

Com relação aos efeitos desse produto apícola no sistema imune, trabalhos de nosso laboratório indicaram aumento na atividade das células *natural killer* contra células tumorais em ratos tratados com própolis (Sforcin et al., 2002). Esse produto apícola aumentou a geração de espécies reativas do oxigênio, como o peróxido de hidrogênio (H_2O_2), e inibiu a produção de óxido nítrico (NO) por macrófagos peritoneais de camundongos (Orsi et al., 2000). A própolis também aumentou a atividade fungicida de macrófagos contra *Paracoccidioides brasiliensis* (Murad et al., 2002) e a atividade bactericida contra *Salmonella typhimurium*, envolvendo a participação de metabólitos do oxigênio e do nitrogênio (Orsi et al., 2005). Ratos tratados com própolis apresentaram maior produção de anticorpos (Sforcin et al., 2005). Recentemente, verificamos que a própolis estimula a expressão de receptores toll-símile (TLR-2 e TLR-4) e a produção de citocinas proinflamatórias em camundongos Balb/c, evidenciando seu mecanismo de ação nas etapas iniciais da resposta imune (Orsatti et al., 2010).

Nosso grupo tem investigado também a ação da própolis em animais submetidos a estresse. Em camundongos submetidos a estresse agudo, a administração de própolis impediu a inibição da expressão de TLR-4 e restaurou parcialmente a expressão de TLR-2 (Pagliarone et al., 2009b), impedindo também a inibição na produção de IL-4, favorecendo assim a resposta imune humoral desses animais (idem, 2009a). Esse produto apícola potencializou a geração de H_2O_2 por macrófagos peritoneais de camundongos submetidos a estresse crônico e impediu o aparecimento de centros germinativos no baço (Missima e Sforcin, 2008). A própolis induziu também o aumento na imunidade celular de animais submetidos a estresse crônico e portadores de melanoma, sugerindo a possível utilização desse apiterápico em momentos de estresse (Missima et al., 2009; Missima et al., 2010).

Quanto à ação antimicrobiana da própolis, destaca-se sua eficiente ação inibidora, *in vitro*, sobre várias linhagens de bactérias Gram-positivas, como *Staphylococcus aureus*, e limitada ação contra bactérias Gram-negativas, como *Escherichia coli* (Sforcin et al.,

2000). Nossos estudos confirmaram também a atividade antiprotozoária da própolis sobre *Giardia duodenalis* (Freitas et al., 2006) e a antifúngica sobre *Candida albicans* e *Candida tropicalis* (Sforcin et al., 2001). Ademais, nossos resultados sugerem a ausência de efeitos colaterais após a administração de própolis em ratos, tanto em curto quanto em longo prazo (Sforcin et al., 2002; Mani et al., 2006; Mani et al., 2008).

2
ASPECTOS DE CULTIVO E INFLUÊNCIA DA SAZONALIDADE EM COMPOSTOS DA *BACCHARIS DRACUNCULIFOLIA*

João Paulo Barreto de Sousa
Jairo Kenupp Bastos

Aspectos agronômicos e de cultivo

As plantas medicinais estão em ascensão na área agronômica. Nesse contexto, o conhecimento sobre a melhor forma de cultivo é um dos primeiros passos para viabilizar a produção, em escala comercial, dessas espécies medicinais (Sousa et al., no prelo). Sabe-se que a variabilidade química das plantas é enorme, já que as rotas biossintéticas, responsáveis pela produção de metabólitos secundários no vegetal, são sensíveis a diversos fatores, como ambientais, variações climáticas e, especialmente, a interação com insetos e predadores. O conhecimento das variações químicas é de grande importância para a qualidade e o preparo das espécies medicinais de interesse terapêutico e/ou industrial, sendo útil para o isolamento e a extração de princípios ativos desejados ou para a determinação da interrupção da colheita em épocas de produção de metabólitos tóxicos (Bauer e Tittel, 1996).

Além disso, a partir da matéria-prima padronizada, tem-se a possibilidade de reprodutibilidade e de maior abrangência dos resultados das pesquisas químicas, farmacológicas e agronômicas. Esse modelo tem sido inovador, e algumas escolas de farmácia voltadas para o setor de produtos naturais possuem área agrícola para o estudo em paralelo da matéria-prima (Vieira, 1994).

Apesar do volume considerável de exportação de várias espécies medicinais na forma bruta ou de seus subprodutos, pouquíssimas espécies são cultivadas, mesmo em pequena escala, sendo esse fato mais marcante quando se consideram as espécies nativas, sobre as quais pesquisas básicas ainda são incipientes (ibidem).

Considerando todos esses fatores, os estudos agronômicos e de cultivo de *Baccharis dracunculifolia* viabilizam não somente a formação de "pastos apícolas", ao redor das colmeias, pelos apicultores (o que poderia aumentar a produção da própolis "verde", de grande valor comercial), mas também a padronização da própria matéria-prima vegetal, visando à obtenção futura de um novo produto natural com essa planta (da Silva Filho, 2006; Sousa, 2007).

Assim, para a caracterização da variabilidade genética sobre parâmetros agronômicos e químicos dessa planta, foi conduzido inicialmente um ensaio de campo preliminar no Centro Pluridisciplinar de Pesquisas Químicas, Biológicas e Agrícolas (CPQBA) da Unicamp, com três acessos (populações) a partir de frutos oriundos das regiões de Campinas, Cajuru e Ribeirão Preto (SP). Esses frutos foram germinados em substrato orgânico (composto + húmus, tratados em coletor solar e fertilizados com biofertilizante), e as mudas foram desenvolvidas em viveiro de tela sombrite 50%, visando determinar as condições para realizar os experimentos de cultivo em escala piloto.

Esses ensaios preliminares foram bastante representativos, uma vez que as mudas de *Baccharis dracunculifolia* não apresentaram alterações, considerando a etapa de transferência do viveiro para o campo. Depois de plantadas no campo, as mudas apresentaram crescimento rápido, com brotos e ramos bastante saudáveis e robustos. Dessa forma, foram realizadas viagens para a coleta de frutos em regiões de cerrado nos estados de São Paulo, Minas Gerais e Paraná, para a seleção dos acessos a serem cultivados. Por meio dessas coletas, dez acessos foram selecionados para o cultivo em escala piloto (Tabela 1). Esse cultivo foi realizado em colabora-

BACCHARIS DRACUNCULIFOLIA   19

ção com o professor Pedro M. de Magalhães (CPQBA), seguindo as Boas Práticas da Agricultura (BPA). O campo de cultivo, com aproximadamente 1.800m^2 (22° 48'S, 47° 03'W, altitude 669m), instalado no CPQBA-Unicamp, em Campinas, foi dividido em quatro repetições (parcelas). Cada acesso continha 25 indivíduos, perfazendo 250 indivíduos por repetição e 1.000, somando as quatro repetições. A Figura 3 apresenta um esboço do campo de cultivo com a disposição de acessos e repetições.

Tabela 1 – Locais de coleta dos frutos de *Baccharis dracunculifolia* e respectivas coordenadas (Sousa et al., no prelo)

Acessos	Regiões	Latitude (S)	Longitude (W)	Altitude (m)
01	Franca 1 (SP)	20° 32' 19"	47° 24' 03"	996
02	Cajuru (SP)	21° 16' 31"	47° 18' 15"	775
03	Paraguaçu/Alfenas (MG)	21° 32' 50"	45° 44' 15"	826
04	Colombo 1 (PR)	25° 17' 30"	49° 13' 27"	1.027
05	Colombo 2 (PR)	25° 19' 29"	49° 18' 36"	945
06	Franca 2 (SP)	20° 15' 25"	47° 28' 36"	1.035
07	C. O./Alfenas (MG)	21° 25' 45"	45° 56' 50"	881
08	Ouro Fino (MG)	22° 16' 59"	46° 22' 08"	908
09	Ribeirão Preto (SP)	21° 10' 39"	47° 48' 37"	546
10	Campinas (SP)	22° 54' 20"	47° 03' 39"	854

C. O.: região de Córrego do Ouro, próximo a Alfenas (MG).

Todos os procedimentos de cultivo foram realizados no período de janeiro de 2004 a abril de 2005. Nesse período, a avaliação dos acessos cultivados evidenciou expressiva variabilidade morfológica entre eles. As plantas femininas do acesso de número 4, proveniente de Colombo 1 (PR), apresentaram aspectos morfológicos bastante distintos, tais como folhas maiores que o padrão da espécie. Assim, exsicatas de todos os acessos foram enviadas para especialista (doutor Nelson Ivo Matzenbacher), o qual confirmou que todos os acessos se tratavam de *Baccharis dracunculifolia*. Exsicatas também foram depositadas no herbário do CPQBA-Unicamp, Campinas (Sousa, 2007).

Considerando as plantas cultivadas e o desempenho de crescimento, o plantio se desenvolveu rapidamente a partir da produção de mudas em tubetes (Figura 4). Em seguida, notou-se o rápido crescimento da espécie e a diferença do "stand" num intervalo de dois meses (Figura 5). A partir do quarto mês de plantio (Figura 6) houve intenso crescimento de folhas nos ápices e caules secundários. A Figura 7 apresenta a *Baccharis dracunculifolia* cultivada doze meses após o plantio (ibidem).

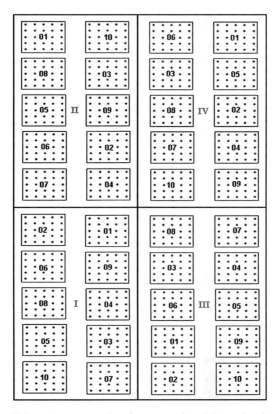

Figura 3 – Esboço representativo do campo de cultivo e da plantação dos indivíduos, dividida entre acessos (01-10) e repetições (I, II, III, IV). Representa cada planta cultivada (Sousa, 2007). Espaçamento horizontal entre os acessos: 1m; espaçamento vertical entre os acessos: 2m; largura total do campo de cultivo: 30m; comprimento total do campo de cultivo: 60m; área total de cada acesso: 25m^2

Figura 4 – Cultivo de diferentes acessos de *Baccharis dracunculifolia* a partir da produção de mudas em tubetes (da Silva Filho, 2006; Sousa, 2007)

Figura 5 – *Baccharis dracunculifolia* no intervalo de dois meses de cultivo (da Silva Filho, 2006; Sousa, 2007)

Figura 6 – Acessos cultivados a partir do quarto mês de plantio (da Silva Filho, 2006; Sousa, 2007).

Figura 7 – *Baccharis dracunculifolia* doze meses após o plantio (da Silva Filho, 2006; Sousa, 2007)

Tendo em vista a preservação da plantação no estágio inicial, somente a partir do quarto mês após o plantio foi iniciada a amostragem para os estudos de sazonalidade. Assim, optou-se por

Figura 4 – Cultivo de diferentes acessos de *Baccharis dracunculifolia* a partir da produção de mudas em tubetes (da Silva Filho, 2006; Sousa, 2007)

Figura 5 – *Baccharis dracunculifolia* no intervalo de dois meses de cultivo (da Silva Filho, 2006; Sousa, 2007)

Figura 6 – Acessos cultivados a partir do quarto mês de plantio (da Silva Filho, 2006; Sousa, 2007).

Figura 7 – *Baccharis dracunculifolia* doze meses após o plantio (da Silva Filho, 2006; Sousa, 2007)

Tendo em vista a preservação da plantação no estágio inicial, somente a partir do quarto mês após o plantio foi iniciada a amostragem para os estudos de sazonalidade. Assim, optou-se por

BACCHARIS DRACUNCULIFOLIA   **23**

realizar a colheita dos indivíduos aos 16 meses, completando-se o período de doze meses de amostragens para a avaliação sazonal. Esses estudos são apresentados no próximo item. Por isso, o corte final foi realizado quando se completou um ano de amostragens mensais e dezesseis meses de desenvolvimento das plantas, entre abril e maio de 2005. Devido ao grande volume de material a ser cortado naquela etapa, constituído de 25 plantas por acesso, foram necessários sete dias para a avaliação de cada repetição. O corte foi realizado com serrote manual e podões, cortando-se as plantas na altura de aproximadamente 30cm, ou logo acima das ramificações principais, para favorecer a brotação posterior (Figura 8). Ainda em campo, foram separadas as partes que não continham folhas, levando-se para o secador apenas as hastes com folhas. As parcelas foram secas em secador a gás a 40 °C até obter peso constante e seguiram para a retirada das hastes restando praticamente apenas folhas secas e hastes finas. Esse material foi embalado em sacos de polipropileno revestidos com duas folhas de papel kraft e pesados, para a obtenção do peso seco. Os resultados de biomassa foram expressos em peso seco por planta, tomando-se o cuidado de descontar as plantas que morreram em cada parcela.

Embora os tratamentos (acessos) sejam comparáveis entre si, do ponto de vista de cultivo, o corte aos 16 meses não seria indicado na prática, pois nesse estágio algumas folhas haviam caído e algumas plantas encontravam-se com folhas apenas nos ponteiros das hastes. Também nesse estágio as plantas estavam muito altas, e a base do caule, engrossada, dificultando o corte e provavelmente não favorecendo a rebrota. Portanto, considerando os aspectos de cultivo, o corte da *Baccharis dracunculifolia* deve ser feito doze meses depois do plantio, recomendando-se que não se faça poda radical, deixando-se uma pequena parte com folhas para que a planta se recupere. Contudo, esses fatores ocorreram pontualmente. Além disso, foi possível visualizar a rebrota após o corte em muitos indivíduos (Figura 8). Assim, tendo em vista que foram cultivadas mil plantas, os cálculos de biomassa e de rendimento e a amostragem para os estudos sazonais não sofreram alterações (ibidem).

Figura 8 – Base do caule de *Baccharis dracunculifolia* destacando a rebrota após corte aos 16 meses (Sousa, 2007)

Considerando a biomassa formada, observa-se que o acesso 4 (Colombo 1, PR) foi o mais produtivo, enquanto que o acesso 3 (Alfenas, MG) apresentou a menor produtividade. A Figura 9A apresenta os resultados de rendimento de biomassa para cada acesso considerando a repetição I. Esses valores são provenientes do processamento total de toda a parcela e permitem uma comparação entre os acessos. Por outro lado, foi observado que o rendimento de óleo essencial (Figura 9B) da região de Colombo 1 (PR) foi de 0,31% (justamente o acesso mais produtivo em biomassa), enquanto que o acesso 3 apresentou rendimento de 0,67%. Esses resultados, juntamente com estudo de regressão linear, indicaram uma tendência de correlação negativa entre a produtividade em biomassa e o teor de óleo essencial, quando comparado o acesso 3 em relação ao acesso 4. Além disso, o acesso proveniente de Colombo 1 apresentou folhas maiores que o padrão da espécie, o que sugere que a planta deve ter direcionado seu metabolismo para o crescimento foliar, afetando sua produtividade de óleo essencial (ibidem). O acesso mais produtivo em termos de óleo por planta foi o de número 10 (Campinas, SP), com 3,66g de óleo/planta, conforme observado na Figura 9C. Ressaltamos que o estudo de rendimento do óleo foi obtido por meio de destilação por arraste a vapor d'água em escala piloto, tendo em vista a grande quantidade de biomassa analisada.

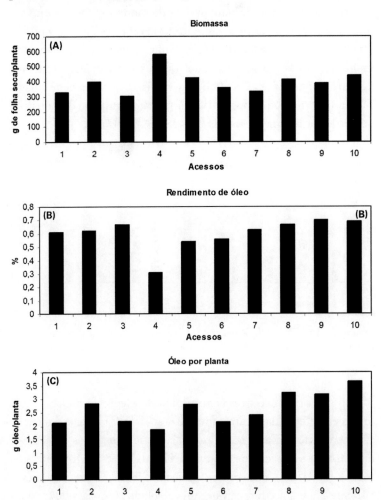

Figura 9 – (A) Biomassa (g de folhas secas/planta) dos dez acessos de *Baccharis dracunculifolia* colhidos aos 16 meses, considerando o processamento total da repetição I. (B) Rendimento de óleo essencial a partir de folhas secas dos dez acessos da repetição I. (C) Rendimento de óleo por planta de cada acesso cultivado (Sousa, 2007). A numeração (1-10) dos acessos segue a Tabela 3

Considerando a extração do óleo essencial por arraste a vapor d'água, conforme apresentado na Figura 10, nota-se que aproximadamente 60% desse óleo é extraído na primeira hora de destilação, constituindo-se predominantemente de monoterpenos, enquanto que na segunda hora praticamente todo o óleo é extraído (40%), sendo essa fração composta de moléculas mais pesadas, principalmente sesquiterpenos, e de maior interesse comercial, conforme descrito por Sousa et al. (2009b). Além disso, o teste de combustão realizado com os aquênios de *Baccharis dracunculifolia* demonstrou que estes são altamente inflamáveis (Sousa, 2007).

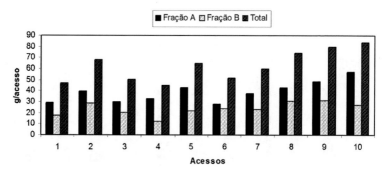

Figura 10 – Fração A: g de óleo/acesso após a primeira hora de extração. Fração B: g de óleo/acesso após a segunda hora de extração. Total: A + B (Sousa, 2007). A numeração (1-10) dos acessos segue a Tabela 2

Após a obtenção dessas alíquotas de óleos essenciais, estas foram caracterizadas quimicamente. Para isso foi utilizada a técnica de cromatografia de fase gasosa acoplada a distintos detectores: detector de ionização de chama (CG-DIC) e espectrometria de massas (CG-EM) (ibidem). Os índices de retenção para cada componente em análise também foram calculados (Sousa, 2007; Sousa et al., 2009b).

Assim, considerando a metodologia desenvolvida por Sousa et al. (2009b), apresenta-se, como exemplo, o perfil cromatográfico por CG-DIC do óleo essencial extraído das folhas de *Baccharis dracunculifolia* após os procedimentos de cultivo (Figura 11). Todas as amostras, seguindo a mesma metodologia, também foram submetidas a análise por CG-EM. Por meio desta calcularam-se os índices de retenção de cada componente enumerados na tabela 2. Além disso, foram obtidos os perfis de fragmentação e pesos moleculares para cada um desses constituintes. Esse conjunto de dados foi comparado aos dados da biblioteca Wiley e àqueles disponíveis na literatura (Adams, 2001), resultando na identificação de quatorze compostos voláteis presentes no óleo essencial dessa planta. Na Tabela 2 encontram-se os nomes dos compostos identificados com seus respectivos tempos e índices de retenção e percentuais relativos. A Figura 12 apresenta as estruturas químicas dos constituintes identificados.

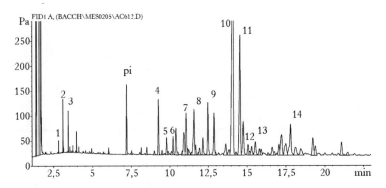

Figura 11 – Perfil cromatográfico do óleo essencial de *Baccharis dracunculifolia* por CG-DIC. A numeração dos compostos segue conforme apresentado na legenda da Tabela 4. pi = piperonal (3,4-metilenodióxi-benzaldeído), padrão interno utilizado como referência (Sousa, 2007)

Tabela 2 – Caracterização química dos voláteis no óleo essencial de *Baccharis dracunculifolia*

Legenda	Nome	Tr$_{min}$	IR	IR$_{lit.}$	Média % ± DP
1	a-pineno	2,8	942	932	0,20 ± 0,04
2	b-pineno	3,1	989	981	0,41 ± 0,12
3	limoneno	3,4	1.034	1.031	0,43 ± 0,13
4	b-cariofileno	9,2	1.419	1.419	2,28 ± 0,46

Continua

Tabela 2 – *Continuação*

Legenda	Nome	Tr$_{min}$	IR	IR$_{lit.}$	Média % ± DP
5	aromadendreno	9,7	1.439	1.439	0,75 ± 0,15
6	α-humuleno	10,2	1.455	1.454	0,78 ± 0,16
7	germacreno D	11	1.483	1.481	2,18 ± 0,44
8	biciclogermacreno	11,6	1.498	1.494	3,42 ± 0,68
9	d-cadineno	12,4	1.522	1.524	3,66 ± 0,73
10	(E)-nerolidol	14,1	1.566	1.564	33,51 ± 3,35
11	espatulenol	14,5	1.584	1.576	16,24 ± 2,29
12	viridiflorol	15,1	1.591	1.590	1,32 ± 0,26
13	guaiol	15,3	1.597	1.595	0,77 ± 0,15
14	α-muurolol	17,8	1.645	1.645	4,66 ± 0,93

Tr$_{min}$ = tempo de retenção em minutos por CG-DIC; IR = índice de retenção calculado; IR$_{lit.}$ = índice de retenção encontrado na literatura (Adams, 2001; Sousa et al., 2009b).

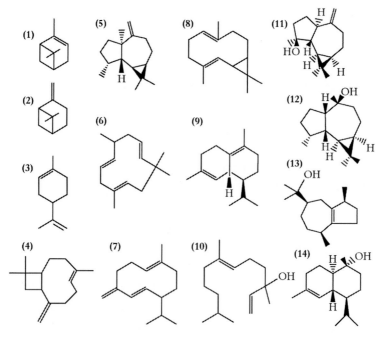

Figura 12 – Estruturas químicas dos constituintes identificados nas amostras de óleos essenciais das folhas de *Baccharis dracunculifolia* (Sousa, 2007). Os números seguem a legenda da Tabela 2

Influência da sazonalidade nos constituintes de *Baccharis dracunculifolia*

Sazonalidade é um tópico importante e deve ser considerado durante os procedimentos de cultivo e obtenção de biomassa, já que a disponibilidade de chuvas e de nutrientes, a umidade relativa do ar, a temperatura, bem como a herbivoria ou o ataque de patógenos são fatores básicos que podem influenciar a biossíntese de metabólitos secundários da planta cultivada (Sousa et al., no prelo). Portanto, para se obter a matéria-prima vegetal padronizada, como extratos e óleos essenciais, deve-se produzir biomassa de excelente qualidade, e para tal são necessários conhecimentos sólidos sobre sua fitoquímica, bem como a disponibilidade de método analítico validado, o que propicia elevados níveis de confiança e o monitoramento da composição química da planta cultivada ao longo de um determinado período. Dessa forma, é possível conhecer as variações qualitativas e quantitativas dos principais compostos presentes na planta em diferentes períodos do ano. Além disso, pode-se determinar quais os fatores ligados ao meio ambiente que podem influenciar positiva ou negativamente a produção desses metabólitos. Esses dados certamente resultam na definição da melhor época para a colheita da planta cultivada, visando obter biomassa de excelência (Sousa, 2007).

A *Baccharis dracunculifolia* apresenta composição química e atividades biológicas reconhecidas internacionalmente (Missima et al., 2007; Lemos et al., 2007; Resende et al., 2007; Klopell et al., 2007; Munari et al., 2008; Massignani et al., 2009). Adicionalmente, há métodos de análise para garantir a qualidade da biomassa dessa planta e de seus derivados (Sousa et al., 2007a; Sousa et al., 2007b; Sousa et al., 2007c; Sousa et al., 2009a). Conforme mencionado, ao longo do desenvolvimento dessa planta durante o processo de cultivo, amostras foram coletadas mensalmente para avaliar as variações sazonais dos óleos essenciais (Sousa et al. 2009b) e dos compostos fenólicos (Sousa et al., no prelo).

Os estudos de sazonalidade contaram com o apoio do Centro de Pesquisas Meteorológicas e Climáticas Aplicadas à Agricultura

(Cepagri) da Unicamp, monitorando a disponibilidade de chuvas, a umidade relativa do ar e as temperaturas no local de cultivo. A temperatura média, considerando os doze meses do experimento (de maio de 2004 a abril de 2005), foi de 22,5 °C. A temperatura média mais baixa (19 °C) foi detectada entre maio e julho, e a mais elevada (25 °C) foi detectada entre janeiro a março. A média de chuvas para aquele ano foi de 120mm. A menor média de chuvas (42mm) ocorreu de maio a julho, e a maior quantidade de chuvas (218mm) ocorreu no período de janeiro a março. A umidade não variou significativamente ao longo daquele ano, resultando em valores médios de 60%. Adicionalmente, o campo de cultivo foi visitado no mínimo duas vezes por semana, e os possíveis processos de herbivoria ou a presença de patógenos foram controlados por meio de procedimentos manuais e sem o uso de agentes químicos. Nesse período não foram utilizados nutrientes ou fertilizantes, já que o interesse foi em reproduzir o habitat natural dessa planta, eliminando eventuais interferentes na sua composição química.

Considerando todos esses fatores, as análises dos óleos essenciais das folhas de *Baccharis dracunculifolia* permitiram a identificação de quatorze compostos, representando 70% dos seus componentes voláteis. Os principais grupos de constituintes em todas as amostras foram os sesquiterpenos oxigenados (49,61%), os sesquiterpenos (11,83%), os sesquiterpenos oxigenados minoritários (7,59%) e os monoterpenos (0,97%). Os principais constituintes ao longo do estudo sazonal foram (*E*)-nerolidol (32%) e espatulenol (17%). Nesse estudo foi observado que a concentração média de todos os compostos analisados aumentou de julho de 2004 a abril de 2005. Os resultados obtidos mostraram que a média da concentração de (*E*)-nerolidol na planta foi cinco vezes maior em março de 2005 (136,53mg/100g de planta) do que em julho de 2004 (25,03mg/100g de planta). Já a concentração média de espatulenol aumentou cerca de três vezes de julho de 2004 (16,25mg/100g de planta) a abril de 2005 (47,50mg/100g de planta). Os monoterpenos analisados foram detectados apenas a partir de setembro de 2004, atingindo a concentração mais elevada em abril de 2005. Essa observação sugere a importância desses voláteis durante o período da floração (maio a julho), quando a planta dirige seu metabolismo para a reprodução. Por outro lado, uma vez que as diferentes populações foram cultivadas na mesma área experimental e nas mesmas condições culturais, foi sugerido que a variação sazonal desses compostos, incluindo o conteúdo de (E)-nerolidol, pode estar relacionada ao ciclo fenológico (Espírito-Santo et al., 2003).

A possível presença de variabilidade genética entre populações cultivadas pode ser observada em experimentos sob condições de crescimento semelhantes, nos quais as diferenças químicas entre as plantas cultivadas são comparadas. Por isso, foi observado que as populações 3 (Paraguaçu, MG), 7 (Alfenas, MG) e 8 (Ouro Fino, MG) foram capazes de produzir alta concentração de (E)-nerolidol, em média 95,85 $\pm$ 9,63mg/100g de planta, considerando os doze meses de experimento. Adicionalmente, a maior concentração média desse componente, considerando essas mesmas populações, foi quantificada em abril (178,98 $\pm$ 15,13mg/100g por planta). Em contraste, a população 4 produziu a menor concentração média de (E)-nerolidol (31,26 $\pm$ 5mg/100 g por planta) durante o mesmo período de análise.

Em resumo, com a metodologia desenvolvida para os voláteis (Sousa et al., 2009b) foi possível analisar 480 amostras em doze meses de amostragem, além de identificar quatorze componentes presentes no óleo das folhas da *Baccharis dracunculifolia*. As análises indicaram que o (E)-nerolidol é o volátil majoritário, correspondendo a aproximadamente 33% do óleo, sendo detectado durante todo ano e, por isso, deve ser o maior responsável pelas propriedades odoríferas intensas, as quais são extremamente valorizadas pela indústria de fragrâncias e cosméticos. Além disso, com base na somatória das médias percentuais realizadas mensalmente, dos quatorze voláteis identificados, a época de floração foi a menos produtiva em termos de óleo essencial (média de 0,1%). Por outro lado, o período de fevereiro a abril foi o mais produtivo (média de 0,35% de óleo a partir das folhas secas). Todavia, considerando o óleo como um todo, o qual foi extraído por destilação por arraste a vapor, o rendimento foi de 0,6%. Adicionalmente, dentre os acessos cultivados, somente o acesso 4 não foi viável para o cultivo em larga escala. Essa população apresentou diferenças morfológicas em relação às folhas e destacou-se pela baixa produtividade de óleo ao longo do ano. Quanto às substâncias fixas, de acordo com Sousa et al. (no prelo), a quantificação de ácido cafeico, de aromadendrina-4'-metil éter, de isosacuranetina e de artepelina C foi realizada para todas as plantas cultivadas a partir das dez distintas regiões. Por se tratar do mesmo campo e das mesmas condições de cultivo no mesmo período, os fatores que estão ligados à sazonalidade, os quais foram apresentados anteriormente na discussão sobre óleos essenciais, também serão válidos, levando-se em conta a análise desses fenólicos.

Qualitativamente, o ácido cafeico e aromadendrina-4'-metil éter (AME) foram detectados em todas as populações estudadas durante todo o ano. Artepelina C foi encontrada na maioria das populações estudadas, com exceção de Colombo 1 (PR). Isosacuranetina foi o fenólico que apresentou maior variação qualitativa, uma vez que foi detectado principalmente nos últimos seis meses, entre novembro de 2004 e abril de 2005. O ácido ferúlico, a bacarina e o ácido 2,2-dimetil-6-carboxietenil-2H-1-benzopirânico (DCBEN) (Marcucci et al., 2001) foram encontrados em quase todo o período de análise, mas em concentrações inferiores ao limite de quantificação previamente estabelecido (Sousa et al., 2009a).

Estatisticamente, a concentração de ácido cafeico não variou durante o período de estudo, considerando todos os indivíduos entre todas as populações, com valor médio de 4%. A população de Colombo 1 (PR) exibiu variações significativas para artepelina C e AME. Por um lado, as concentrações de AME, comparando a população de Colombo 1 com outras populações, foram mais elevadas, variando entre 0,45% e 1,11%. Por outro lado, as concentrações de artepelina C foram mais baixas (entre 0% e 0,16%). A quantidade de isosacuranetina apresentou diferença estatística nas populações de Paraguaçu (MG) e Colombo 1 (PR). Os níveis de concentração desse flavonoide na região de Paraguaçu (MG) foram maiores (entre 0% e 1,4%) em comparação com outras populações, enquanto que na população de Colombo 1 (PR), isosacuranetina não foi detectada.

Considerando estudo comparativo entre todas as populações envolvendo isosacuranetina e artepelina C, foi observado aumento nos níveis desses componentes entre fevereiro e abril de 2005. Nessa comparação, os valores médios para aquele flavonoide, bem como para o prenilado artepelina, foram $0,73 \pm 0,07\%$ e $0,55 \pm 0,1\%$, respectivamente. As concentrações de aromadendrina-4'- -metil éter comportaram-se de maneira diferente em relação aos outros compostos. A média de rendimento para esse fenólico foi de cerca de $0,7 \pm 0,13\%$ em maio, decrescendo para $0,4 \pm 0,15\%$ até agosto. Em setembro, houve um novo aumento de $0,75 \pm 0,2\%$, diminuiu posteriormente para $0,30 \pm 0,21\%$ em janeiro e aumentando para $0,65 \pm 0,13\%$ em fevereiro, rendimento que foi mantido até abril. Avaliando-se essas variações, os níveis de concentração de fevereiro a abril parecem ser mais estáveis.

Levando em consideração todos os dados dessa quantificação absoluta, a qual foi descrita na íntegra por Sousa et al. (no prelo), observou-se que as concentrações médias dos compostos avaliados começam a aumentar em agosto, mas os maiores valores são exibidos entre fevereiro a abril de 2005. A Figura 13 demonstra, de forma geral, as variações dos teores de ácido cafeico, AME, isosacuranetina e artepelina C, considerando os valores das médias entre os dez acessos cultivados ao longo do período de estudo.

Considerando a interação entre a *Baccharis dracunculifolia* e a *Apis mellifera* na produção de própolis verde, é interessante notar que, de acordo com Lima (2005), a melhor época do ano para a maior produção de própolis verde brasileira é de dezembro a abril. Sousa et al. (2009b) relataram que o rendimento de óleo essencial das folhas dessa planta é maior de fevereiro a abril. Nota-se que o período ótimo para produzir a própolis verde e o óleo essencial foi coincidente com o período de melhor produtividade de compostos fenólicos. Portanto, pode-se inferir que a melhor época para a colheita de *Baccharis dracunculifolia*, visando obter bons resultados

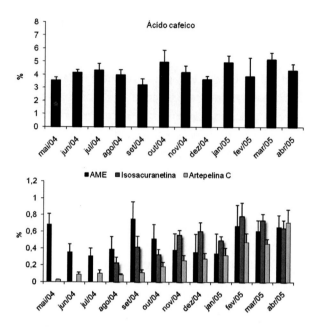

Figura 13 – Efeito da sazonalidade para os fenólicos: ácido cafeico, AME, isosacuranetina e artepelina C. Calcularam-se as médias entre os dez acessos cultivados ao longo de um ano

qualitativos e quantitativos, considerando-se os compostos fenólicos e os óleos essenciais, é entre dezembro a abril, a qual coincide com o verão (Sousa et al., no prelo). Adicionalmente, o flavonoide AME e o ácido cafeico, quantificados nos extratos, juntamente com o volátil (E)-nerolidol, presente no óleo essencial, podem ser considerados marcadores quimiotaxonômicos dessa espécie, tendo em vista que aqueles foram detectados durante todo o período de experimento e em dez diferentes populações (Sousa, 2007).

A técnica de cultivo apresentada demonstrou ser viável para a cultura de mil plantas em uma área de 1.800m². Os rendimentos de planta seca, óleo essencial e extrato bruto foram medidos mensalmente, resultando em valores médios de 399g, 0,6% e 20%, respectivamente. Assim, o cultivo em larga escala da *Baccharis dracunculifolia* utilizando, por exemplo, uma área de 10.000m², o que equivale a 1 hectare, permitiria a cultura de 5.556 indivíduos, os quais podem fornecer, após doze meses de cultivo, cerca de 2.200kg de planta seca, dos quais poderiam ser extraídos 13kg de óleo essencial ou 440kg de extrato bruto (Sousa et al., no prelo). Portanto, o cultivo dessa planta em larga escala para fins comerciais é bastante viável, já que indústrias de média e grande produtividade especializadas em plantas têm a capacidade de cultivar, pelo menos, 5 hectares da planta de interesse. A Figura 14 apresenta o potencial da *Baccharis dracunculifolia* para a obtenção de matérias-primas padronizadas de alta qualidade, as quais poderão ser utilizadas para o desenvolvimento de novos produtos naturais.

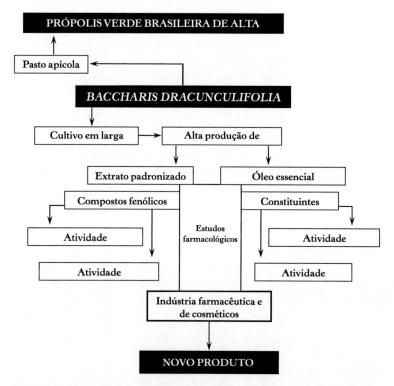

Figura 14 – Potencial da *Baccharis dracunculifolia* visando não somente melhorar a produção de própolis verde brasileira, mas também o desenvolvimento de novos produtos naturais (Sousa et al., no prelo).

3
FITOQUÍMICA DA *BACCHARIS* *DRACUNCULIFOLIA*

Ademar Alves da Silva Filho

A família Asteraceae (ou Compositae) possui cerca de 23 mil espécies, agrupadas em 1.535 gêneros e 17 tribos, sendo que novos gêneros e espécies vêm sendo descritos a cada ano. Quimicamente, esta família destaca-se pela enorme diversidade de metabólitos secundários, sendo caracterizada principalmente pela presença de terpenoides e flavonoides (Bohlmann e Zdero, 1990).

O gênero *Baccharis*, pertencente à família Asteraceae e à tribo Astereae, possui cerca de 500 espécies, distribuídas principalmente no Brasil, Argentina, Paraguai e Uruguai. A grande concentração de espécies no Brasil, principalmente no cerrado, indica que esta região é um provável centro de origem do gênero (Boldt, 1989; Ferracini, 1995). No Brasil, mais de 120 espécies de *Baccharis* estão descritas, as quais estão localizadas principalmente na região sudeste do país. As plantas deste gênero são geralmente arbustos que medem de 0,5 a 4,0 m de altura. Grande número destas espécies, principalmente aquelas encontradas nos estados de São Paulo, Minas gerais, Santa Catarina e Paraná, apresentam elevado valor socioeconômico, sendo utilizadas na medicina popular para controle ou tratamento de várias doenças (Verdi et al., 2005). Em relação à química de micromoléculas, as espécies do gênero *Baccharis* são caracterizadas pela presença de triterpenos, diterpenos, principalmente dos tipos clerodano e labdano, além de substâncias fenólicas, como flavonoides e derivados do ácido cumárico (Bohlmann et al., 1981; Zdero et al., 1989).

Devido à enorme importância medicinal, comercial e ecológica, várias espécies de *Baccharis* têm atraído a atenção de muitos pesquisadores, como é o caso da *Baccharis dracunculifolia* (Bold, 1989). O primeiro estudo fitoquímico realizado com as partes aéreas da *Baccharis dracunculifolia* foi realizado por Bohlmann et al. (1981), os quais isolaram e identificaram os fenilpropanoides drupanina (**7**), bacarina (**8**) e artepilina C (**9**) (Figura 15).

No início deste estudo, pouco se conhecia sobre o metabolismo secundário e as atividades biológicas de *Baccharis dracunculifolia*, apesar de sua considerável importância. Inicialmente, alguns metabólitos secundários foram identificados nas folhas da *Baccharis dracunculifolia* por meio de análises em cromatografia líquida de alta eficiência (Clae), evidenciando a presença dos fenilpropanoides ácido cumárico (**5**) e ácido ferúlico (**6**), além dos flavonoides canferol (**24**), apigenina (**18**), isosacuranetina (**27**), pinocembrina (**29**), crisina (**20**), galangina (**22**) e canferide (**23**) (Park et al., 2002) (Figura 15).

Dada a enorme importância da planta, os estudos fitoquímicos prosseguiram, demonstrando a presença de naringenina (**28**), isosacuranetina (**27**), aromadendrina-4'-metil éter (**26**), acacetina (**17**), além dos já conhecidos drupanina (**7**), bacarina (**8**) e artepilina C (**9**), os quais foram isolados e identificados nas partes aéreas da planta. Além disso, vários outros metabólitos polares foram identificados no extrato metanólico do vegetal (Nagatani et al., 2001; Nagatani et al., 2002a; Nagatani et al., 2002b).

No intuito de demonstrar a semelhança entre os perfis cromatográficos dos extratos hidroalcoólicos da própolis verde e dos brotos de *Baccharis dracunculifolia*, foram realizadas várias análises em cromatografia líquida de alta eficiência acoplada a espectrometria de massas (Clae-EM), identificando a presença dos fenilpropanoides ácido cafeico (**3**), ácido cumárico (**5**), drupanina (**7**), bacarina (**8**), artepilina C (**9, 14, 15, 16**) e dos compostos ácido 3,4-dicafeoilquínico (**50**), ácido 3,5-dicafeoilquínico (**51**) e aromadendrina-4'-

-metil éter ou diidrocanferide (**26**) (Kumazawa et al., 2003; Sawaya et al., 2004).

Como resultado de nossos estudos fitoquímicos e biológicos iniciais com *Baccharis dracunculifolia*, isolamos e identificamos nas partes aéreas do vegetal o ácido diidrocinâmico (**2**), o isosacuranetina (**27**), o aromadendrina-4'-metil éter (**26**) e o bacarina (**8**), além de isolarmos do extrato das raízes os metabólitos ácido ferúlico (**6**), friedelanol (**47**) e óxido de baccharis (**49**), sendo que alguns destes demonstraram possuir atividade tripanocida contra as formas tripomastigotas de *Trypanosoma cruzi* (da Silva Filho et al., 2004a) (Figura 15).

Em seguida, Park et al. (2004) identificaram, por meio de análises em Clae, a presença dos fenilpropanoides ácido cumárico (**5**) e ácido ferúlico (**6**), além dos flavonoides canferol (**24**), apigenina (**18**), isosacuranetina (**27**), pinocembrina (**29**), crisina (**20**), galangina (**22**), canferide (**23**) e artepilina C (**9**) nas partes aéreas da *Baccharis dracunculifolia*. Além disso, esses pesquisadores demonstraram nessas análises que as composições químicas dos extratos hidroalcoólicos dos brotos, das folhas jovens e das folhas maduras da *Baccharis dracunculifolia* são significativamente distintas, tanto qualitativa quanto quantitativamente (Figura 15). Dessa forma, foi demonstrado que a composição química do extrato de *Baccharis dracunculifolia* pode variar consideravelmente de acordo com a parte da planta coletada. Além disso, o perfil cromatográfico do extrato dos brotos de *Baccharis dracunculifolia* é o que mais se assemelha ao perfil cromatográfico do extrato da própolis verde, corroborando o modo de coleta das abelhas. Isto é particularmente importante se considerarmos a futura padronização da coleta do vegetal para fins medicinais.

Estudos de identificação de metabólitos da *Baccharis dracunculifolia* foram realizados utilizando técnicas hifenadas (Clae-EM), relatando a presença dos fenilpropanoides ácido cafeico (**4**), ácido ferúlico (**6**), drupanina (**7**), bacarina (**8**), artepilina C (**9, 11, 12** e **13**), dos flavonoides betulol (**19**), ermanina (**21**), canferide (**23**), canferol (**24**), quercetina (**25**), aromadendrina-4'-metil éter (**26**) e isosacuranetina (**27**), da viscidona (**31**) e dos derivados dos ben-

40 ADEMAR A. DA SILVA FILHO

zofurânicos **34** e **35**, dos diterpenos ácido isocupréssico (**36**), ácido agático (**37**), ácido agálico (**38**) e ácido cupréssico (**39**) e dos compostos **50** e **51** (Midorikawa et al., 2003) (Figura 15).

Em seguida, isolamos e identificamos vários metabólitos secundários nas partes aéreas da *Baccharis dracunculifolia*: os fenilpropanoides ácido diidrocinâmico (**1**), ácido diidrocumárico (**2**), ácido cumárico (**5**), drupanina (**6**), bacarina (**7**), ácido 3`-hidróxi-2`,2`- -dimetilcromano-1-propenoico (**10**), os flavonoides acacetina (**17**), ermanina (**21**), aromadendrina-4'-metil éter (**26**), isosacuranetina (**27**) e **30**, os benzofuranos viscidona (**31**), 11-hidróxi-10,11-diidroeuparina (**32**), 6-hidroxitremetona (**33**), os diterpenos clerodânicos **40**, **41**, **42** e **43** e os triterpenos ácido ursólico (**44**), ácido 2α-hidróxi-ursólico (**45**) e uvaol (**46**) (Figura 15). Esses trabalhos relataram pela primeira vez o isolamento e a identificação dos triterpenos ácido ursólico (**44**), ácido 2α-hidróxi-ursólico (**45**) e uvaol (**46**), além dos furanoditerpenos clerodânicos **40-43** e também dos fenilpropanoides ácido diidrocumárico (**2**) e ácido diidrocinâmico (**1**) em *Baccharis dracunculifolia*.

Outros estudos fitoquímicos foram realizados, demonstrando a presença de mono e sesquiterpenos nas partes aéreas da planta, alguns dos quais presentes também no óleo essencial de *Baccharis dracunculifolia* (Fukuda et al., 2006). Por outro lado, estudos fitoquímicos realizados com as raízes de *Baccharis dracunculifolia* demonstraram a presença do friedelanol (**47**), friedelina (**48**) e óxido de baccharis (**49**) (Resende, 2009) (Figura 15). Foram demonstradas também várias atividades biológicas da *Baccharis dracunculifolia* e de seus metabólitos, algumas das quais foram bem similares àquelas previamente descritas para a própolis verde (da Silva Filho, 2006; Missima et al., 2007; da Silva Filho et al., 2008b; da Silva Filho et al., 2009).

Mais do que uma planta tradicionalmente utilizada pela população para o tratamento de problemas hepáticos e processos inflamatórios, a *Baccharis dracunculifolia* é utilizada pelas abelhas (*Apis mellifera*) como principal fonte botânica para a produção da própolis verde, a qual é historicamente conhecida, principalmente, por suas propriedades antimicrobianas e anti-inflamatórias.

Após a descoberta da *Baccharis dracunculifolia* como sendo a principal fonte botânica da própolis verde, conforme demonstrado nos trabalhos realizados por Bankova et al. (1999), seguidos dos trabalhos de Park et al. (2002) e Kumazawa et al. (2003), muitas pesquisas continuam sendo realizadas, demonstrando o grande interesse dos pesquisadores por essa espécie vegetal.

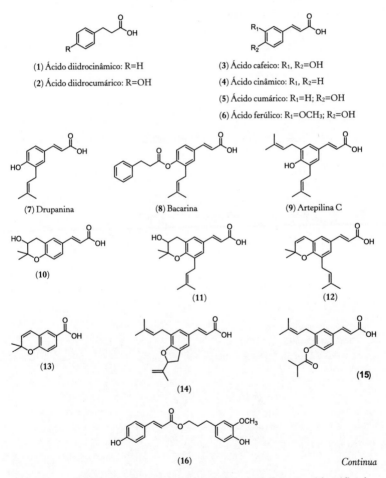

Figura 15 – Estruturas químicas dos metabólitos isolados e/ou identificados em *Baccharis dracunculifolia*

42 ADEMAR A. DA SILVA FILHO

(17) Acacetina: $R_1=OCH_3$; R_2, R_3, $R_4=H$

(18) Apigenina: $R_1=OH$; R_2, R_3, $R_4=H$

(19) Betulol: R_1, $R_4=OCH_3$; $R_2=H$; $R_3=OH$

(20) Crisina: R_1, R_2, R_3, $R_4=H$

(21) Ermanina: R_1, $R_3=OCH_3$; R_2, $R_4=H$

(22) Galangina: R_1, R_2, $R_4=H$; $R_3=OH$

(23) Canferide: $R_1=OCH_3$; R_4, $R_2=H$; $R_3=OH$

(24) Canferol: R_1, $R_3=OH$; R_2, $R_4=H$

(25) Quercetina: R_1, R_2, $R_3=OH$; $R_4=H$

(26) Aromadendrina-4'-metil éter: $R_1=OCH_3$; $R_2=OH$

(27) Isosacuranetina: $R_1=OCH_3$; $R_2=H$

(28) Naringenina: $R_1=OH$; $R_2=H$

(29) Pinocembrina: R_1, $R_2=H$

(30) R_1, $R_2=OH$

(31) Viscidona   (32) 11-hidróxi-10,11-diidroeuparina   (33) 6-hidroxitremetona

(34)

(35)

(36) Ácido isocupréssico: $R_1=CH_2OH$; $R_2=COOH$

(37) Ácido agático: R_1, $R_2=COOH$

(38) Ácido agálico: $R_1=COOH$; $R_2=CHO$

(39) Ácido cupréssico

(40)   (41)   (42)   (43)   Continua

Figura 15 – Continuação

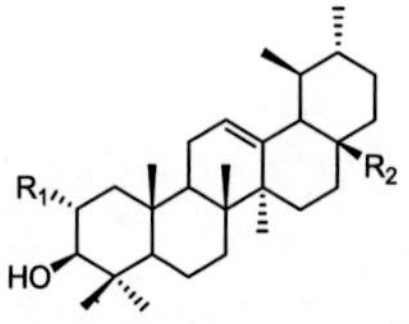

BACCHARIS DRACUNCULIFOLIA **43**

(**44**) Ácido ursólico: R_1= H; R_2= COOH

(**45**) Ácido 2α-hidróxi-ursólico: R_1 = OH; R_2 = COOH

(**46**) Uvaol: R_1= H; R_2= CH_2OH

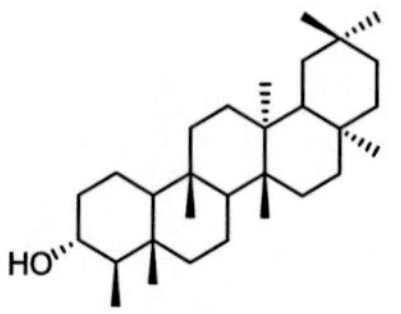

(**47**) Friedelanol

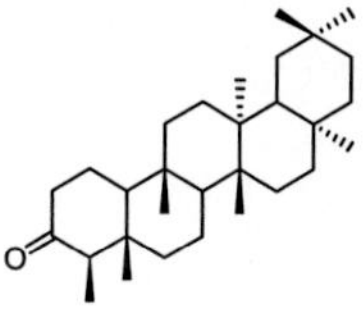

(**48**) Friedelina

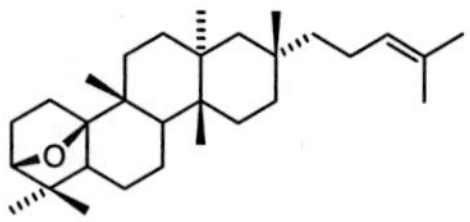

(**49**) Óxido de baccharis

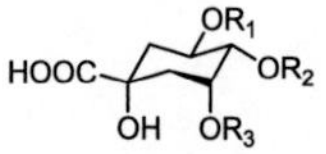

(**50**) Ácido 3,4-dicafeoilquínico: R_1, R_2= cafeoil; R_3=H

(**51**) Ácido 3,5-cafeoilquínico: R_1, R_3= cafeoil; R_2=H

Figura 15 – *Continuação*

4
Atividades biológicas da *Baccharis dracunculifolia*

Ademar Alves da Silva Filho
José Maurício Sforcin
Lígia Ribeiro da Silva Tonuci
Michelle Cristiane Búfalo

Uma vez discutidos os aspectos fitoquímicos, analíticos e de cultivo da *Baccharis dracunculifolia*, este capítulo apresenta algumas das propriedades biológicas apresentadas por esta planta, as quais foram investigadas por nosso grupo e demais pesquisadores.

Ensaios de citotoxicidade contra células tumorais

Atualmente, muitos metabólitos secundários são de grande valor agregado devido às suas aplicações em medicamentos, cosméticos, alimentos e agroquímicos. No óleo volátil extraído das folhas de *Baccharis dracunculifolia*, os componentes majoritários encontrados foram β-selineno (10%), β-cariofileno (10%), germacreno-D (10%), espatulenol (10%) e nerolidol (20%) (Ferracini, 1995). Assim, considerou-se de grande importância a avaliação das atividades biológicas desses compostos visando aproveitar o grande potencial desses produtos naturais para o desenvolvimento de novos fármacos.

Com o intuito de avaliar *in vitro* a possível ação antitumoral da *Baccharis dracunculifolia*, utilizamos células de carcinoma de laringe humana (HEp-2), derivadas de carcinoma da mucosa nasofaríngea humana. O efeito citotóxico da própolis sobre essas células foi investigado em trabalhos anteriores de nosso grupo (Búfalo et al., 2009a), e posteriormente comparamos os resultados com os apresentados no estudo sobre extrato e óleos essenciais de *Baccharis dracunculifolia*. Também analisamos os efeitos dos ácidos cafeico e cinâmico, utilizados como compostos de referência, avaliando a viabilidade celular.

As culturas de células HEp-2 foram incubadas a 37 °C e 5% de CO_2 por 48 horas com diluições específicas de cada variável (extrato e óleo essencial de *Baccharis*, própolis, ácido cafeico e ácido cinâmico): 5, 10, 25, 50 e 100μg/100μL. Os mesmos procedimentos foram realizados com dimetilsulfóxido (DMSO) 0,2% (solvente do óleo essencial) e etanol 70% (solvente dos extratos e compostos isolados). Após incubação, o meio de cultura foi removido, e a viabilidade celular foi analisada pelo método do cristal violeta (Ait Mbarek et al., 2007).

A *Baccharis dracunculifolia* (extrato e óleo essencial, 5, 10 e 25μg/100μL) não apresentou efeito na viabilidade celular. Entretanto, concentrações mais elevadas exibiram ação citotóxica contra as células HEp-2 de modo concentração-dependente (Búfalo et al., 2010). Fukuda et al. (2006) relataram que extratos das folhas de *Baccharis dracunculifolia* apresentaram potente atividade citotóxica contra células de leucemia (L1210).

Os dados demonstraram que 5 e 10μg/100μL de própolis não apresentaram efeito na viabilidade celular, mas concentrações mais elevadas (25, 50 e 100μg/100μL) exibiram eficiente atividade contra as células HEp-2 de modo concentração-dependente. As células HEp-2 apresentaram morfologia típica (forma epitelioide), com poucas células redondas quando estas foram incubadas com 5 e 10μg/100μL. Por outro lado, mudanças na morfologia celular, incluindo lise e desorganização da monocamada celular, foram observadas após incubação com 25, 50 e 100μg/100μL. A própolis possui significante citotoxicidade para várias células tumorais, tais como células de fibrossarcoma humano (HT-1080) e células de adenocarcinoma do pulmão humano (A549) (Banskota et al., 2002).

BACCHARIS DRACUNCULIFOLIA   47

Foi relatado que a atividade antiproliferativa da própolis sobre as células tumorais pode resultar do efeito sinérgico de seus constituintes. Kujumgiev et al. (1999) sugeriram que as propriedades biológicas da própolis são devidas a uma mistura natural de seus constituintes, e um único componente não apresentaria uma atividade maior do que o extrato total. Assim, para investigar a ação antitumoral de compostos isolados, ambos presentes na própolis e em *Baccharis dracunculifolia*, bem como para compreender seus mecanismos de ação, utilizamos os ácidos cafeico e cinâmico em nossos ensaios antitumorais. Nossos resultados demonstraram que o ácido cinâmico (5, 10 e 25µg/100µL) e ácido cafeico (5µg/100µL) não apresentaram efeito na viabilidade celular, havendo efeitos citotóxicos somente em elevadas concentrações.

Um dos constituintes da própolis mais investigado com relação à atividade antitumoral é o cafeato de feniletilo (Cape, na sigla em inglês), embora outros compostos fenólicos e diterpenoides isolados da própolis também apresentem propriedades antitumorais (Banskota et al., 2001). O Cape foi investigado sobre células de câncer oral e fibroblasto oral humano normal, revelando efeito citotóxico sobre as células tumorais, mas não sobre as células humanas normais (Lee et al., 2005). Segundo Jin et al. (2008), o tratamento das células de leucemia mieloide humana (U937) com Cape diminuiu o número de células viáveis de maneira tempo-dependente e dose-dependente, provavelmente devido à apoptose.

Derivados do ácido cinâmico da própolis (bacarina e drupanina) apresentaram atividade antitumoral *in vitro* sobre células de leucemia mielocítica humana (HL60), possivelmente devido à indução da apoptose (Akao et al., 2003). Foi sugerido que as propriedades citotóxicas da própolis e da *Baccharis dracunculifolia* podem também ser explicadas devido à presença de flavonoides e outros compostos fenólicos em sua composição (Moreno et al., 2005).

É importante ressaltar que os solventes utilizados (etanol e DMSO) não interferiram na viabilidade celular, evidenciando, dessa forma, que os efeitos citotóxicos foram exclusivamente devidos às variáveis estudadas.

Com base nesses resultados, nossos dados reforçam a atividade antitumoral da própolis *in vitro*, anteriormente relatada pelo nosso grupo e por outros pesquisadores (Sforcin, 2007). Além disso, a *Baccharis dracunculifolia* apresentou atividade citotóxica contra células tumorais. Os ácidos cafeico e cinâmico também demonstraram atividade citotóxica, podendo-se especular que esses ácidos poderiam estar envolvidos no mecanismo de ação da própolis e da *Baccharis dracunculifolia* contra as células HEp-2. Futuras investigações são necessárias para entender seus mecanismos de ação, bem como para explorar o potencial dessas variáveis como agente antitumoral *in vivo*.

Ensaios antivirais

Dando continuidade aos nossos estudos com *Baccharis dracunculifolia*, investigamos a atividade antiviral dessa planta, visto que muitos produtos naturais e seus derivados são considerados potenciais candidatos para o tratamento de doenças virais humanas (Gekker et al., 2005). Recentemente, foi investigado o efeito inibitório dos extratos de plantas medicinais na replicação de vários vírus, revelando que o vírus da herpes simples (HSV), o da imunodeficiência humana (HIV), o da hepatite B (HBV) e o da síndrome respiratória aguda severa (sars) foram fortemente inibidos (Mukhtar et al. 2008). Esses resultados despertaram nosso interesse em investigar a ação antiviral da *Baccharis dracunculifolia* sobre o poliovírus (PV).

O PV é um vírus não envelopado e constituído de fita única de RNA, membro da família Picornaviridae e gênero *Enterovirus*. É o agente etiológico da poliomielite, e, uma vez que o vírus atinge o sistema nervoso central, o indivíduo acometido pode desenvolver a poliomielite paralítica – doença caracterizada pela paralisia flácida, que difere da rigidez muscular que ocorre em outras doenças. A incidência da poliomielite paralítica tem reduzido nas últimas décadas devido à imunização pelas vacinas. Entretanto, essa doença ainda é endêmica na Ásia e na África. O PV é um dos modelos virais mais estudados, devido a sua replicação em vários tipos de culturas celulares (Faccin et al., 2007).

Assim, analisamos a atividade antiviral do extrato e do óleo essencial de *Baccharis dracunculifolia*, da própolis e de compostos isolados (ácidos cafeico e cinâmico) contra o PV. Essas variáveis foram incubadas com as células HEp-2 anteriormente, simultaneamente ou subsequentemente à adição do PV às culturas celulares, visando compreender os mecanismos de ação das variáveis analisadas.

O poliovírus tipo 1 (PV1), cepa vacinal Sabin I, estocado a -80 °C, foi propagado em culturas de células HEp-2 e mantido a -80 °C. O título viral foi expresso em dose infecciosa em 50% da cultura celular ($TCID_{50}$). Para verificar a atividade antiviral das variáveis sobre a replicação do PV1, utilizamos três diferentes protocolos:

– *Pré-tratamento*: as células HEp-2 foram incubadas com as concentrações que não foram citotóxicas: *Baccharis dracunculifolia* (extrato e óleo essencial), ácidos cafeico e cinâmico = 5, 10 e 25µg/100µL; própolis = 5 e 10µg/100µL. Após duas horas, o meio de cultura foi removido e 100 $TCID_{50}$/100µL (usando a diluição de $10^{-2.5}$ do estoque viral) foram adicionados e incubados por 48 horas a 37 °C.

– *Tratamento simultâneo*: as culturas de células HEp-2 foram incubadas simultaneamente com as concentrações não citotóxicas de cada variável e a suspensão viral por 48 horas.

– *Pós-tratamento*: as células HEp-2 foram incubadas com a suspensão viral por duas horas. Após a incubação, o meio de cultura foi removido, e as concentrações não citotóxicas das variáveis foram adicionadas e incubadas por 48 horas.

As células somente com vírus (sem nenhuma variável) foram consideradas controle positivo. A porcentagem de atividade antiviral foi determinada pela técnica do cristal violeta (Ait Mbarek et al., 2007), e a quantificação viral foi determinada pela reação em cadeia da polimerase em tempo real (PCR em tempo real), para verificar em que passo da replicação viral as variáveis poderiam interferir.

Após a extração do RNA total e síntese do cDNA, foi realizado o PCR em tempo real, utilizando os primers específicos para o gene do capsídeo do PV (VP1-VP4). A porcentagem de redução da quantificação de RNA viral tanto no sobrenadante da cultura celular como nas amostras do lisado celular foi calculada considerando o controle positivo como 100% e utilizando a fórmula: [1 - (RNA das amostras / RNA controle)] x 100.

No pré-tratamento, o extrato de *Baccharis dracunculifolia* revelou a mais eficiente ação antiviral (31%), seguida pelo óleo essencial de *Baccharis dracunculifolia* (28,9%), pela própolis (10,9%), pelo ácido cinâmico (10,5%) e pelo ácido cafeico (8,5%).

No tratamento simultâneo, a melhor inibição da replicação viral foi observada utilizando-se o extrato de *Baccharis dracunculifolia* (74%), seguido pela própolis (52,2%), pelo óleo essencial de *Baccharis* (33,3%), pelo ácido cinâmico (29,8%) e pelo ácido cafeico (26,7%).

Dados do pós-tratamento demonstraram que as mais eficientes variáveis foram o óleo essencial de *Baccharis* (49,6%), própolis (39,1%), extrato de *Baccharis dracunculifolia* (36,1%), ácido cafeico (22,3%) e ácido cinâmico (7,9%).

Comparando-se as variáveis em relação às concentrações e à melhor ação antiviral, em todos os protocolos (pré-tratamento, simultâneo e pós-tratamento), verificamos que o extrato de *Baccharis dracunculifolia* (25µg/100µL) apresentou a melhor atividade antiviral (74%) no tratamento simultâneo.

Quanto à quantificação relativa do RNA viral, havia mais vírus no lisado das células do que no sobrenadante. No pré-tratamento, as variáveis foram removidas antes da adição do vírus, o que poderia deixar as células mais resistentes ao ataque. Entretanto, houve uma maior entrada viral nas células, em comparação ao tratamento simultâneo. Por outro lado, no pós-tratamento, as variáveis foram adicionadas após o vírus, e a quantificação do RNA viral foi maior do que o tratamento simultâneo. Pode-se especular que as variáveis poderiam interferir na saída do vírus das células infectadas, ou levou à degradação do RNA viral no sobrenadante após sua saída.

BACCHARIS DRACUNCULIFOLIA 51

A investigação de produtos naturais com ação antiviral tem atraído o interesse dos pesquisadores. Todavia, em nenhum trabalho da literatura foi encontrado algo sobre a atividade antiviral da *Baccharis dracunculifolia*. Extratos de *Tridax procumbens*, *Carissa carandas*, *Mallotus philippensis*, *Agaricus brasiliensis* e *Euphorbia grantii* mostraram-se eficazes contra a replicação do poliovírus tipo 1 (Felipe et al. 2006). Nosso trabalho descreveu pela primeira vez a atividade antiviral dessa planta sobre a replicação do PV1 (Búfalo et al., 2009b).

Extratos de *Baccharis trinervis* apresentaram efeito inibitório sobre a replicação do HSV e HIV quando adicionados simultaneamente ao vírus, sugerindo que os extratos inibiram o ataque do vírus às células, a fusão vírus-célula ou a fusão célula-célula (Palomino et al., 2002).

Estudos da atividade antiviral da própolis foram realizados contra vários vírus, incluindo HIV, HSV, vírus da influenza, adenovírus e vírus da estomatite vesicular, revelando efeito inibitório sobre a replicação destes (Gekker et al., 2005; Moreno et al. 2005). Serkedjieva et al. (1992) relataram que o pré-tratamento de células caninas epiteliais renais (MDCK) com própolis não exerceu efeito na replicação do vírus influenza. Contudo, a redução da infectividade viral foi observada quando a própolis foi adicionada simultaneamente com o vírus ou imediatamente após a inoculação viral, sugerindo que a penetração viral foi inibida no estágio inicial do ciclo replicativo.

De acordo com Huleihel e Isanu (2002), a própolis inibiu em 50% a infecção do HSV, apontando uma forte interação entre a própolis e a superfície das células Vero, mas não com as partículas de HSV. A administração da própolis anterior ou simultaneamente à infecção apresentou a melhor ação inibitória, sugerindo que esse efeito deveu-se, possivelmente, ao bloqueio pela própolis de receptores na membrana celular para o HSV ou mudanças no interior das células, que por sua vez poderiam afetar o ciclo de replicação viral. Esses achados indicaram o potencial da própolis como possível agente antiviral.

A avaliação de compostos isolados é importante para o entendimento de possíveis mecanismos de ação da própolis e de sua fonte vegetal. Em nosso trabalho, os ácidos cafeico e cinâmico apresentaram atividade antiviral, porém em menor grau quando comparados com a *Baccharis dracunculifolia* e a própolis, sugerindo que esses ácidos poderiam estar envolvidos nos efeitos antivirais da *Baccharis dracunculifolia* e da própolis.

Em suma, os melhores resultados foram obtidos no tratamento simultâneo, seguido pelo pré-tratamento e pelo pós-tratamento, para o extrato de *Baccharis dracunculifolia*, ácidos cafeico e cinâmico, óleo essencial e própolis, tanto para as amostras do sobrenadante como para as amostras do lisado. Verificamos também que os resultados de PCR em tempo real correlacionaram com os dados do ensaio antiviral, havendo uma associação entre a maior atividade antiviral das variáveis (método do cristal violeta) e a menor quantificação viral relativa por PCR em tempo real.

A *Baccharis dracunculifolia* (25μg/100μL) apresentou a mais eficiente porcentagem de atividade antiviral evidenciada pelo método do cristal violeta (74%) no tratamento simultâneo, o que foi associado com a menor quantificação viral relativa pela PCR em tempo real. Algumas explicações para esse efeito seriam: a) bloqueio parcial da entrada viral nas células; b) interferência nos passos de replicação do ciclo viral nas células; c) degradação do RNA antes da entrada do vírus na célula ou após a liberação do vírus para o sobrenadante. Entretanto, novas investigações são necessárias, a fim de explorar melhor o potencial dessas variáveis como agentes antivirais e para compreender os mecanismos de ação contra a replicação do PV1.

Ação imunomoduladora

Produção de anticorpos

Nos últimos anos tem havido um crescente interesse por parte dos pesquisadores quanto à descoberta de produtos naturais com ação moduladora sobre o sistema imunológico. A propriedade imunomoduladora da própolis tem sido amplamente investigada (Sforcin, 2007), porém é escasso o conhecimento sobre a ação de sua principal fonte vegetal, a *Baccharis dracunculifolia*, no sistema imune.

Nesse sentido, analisamos a ação do extrato de *Baccharis dracunculifolia* a 10% e de alguns compostos isolados (ácido cafeico e quercetina, 100mg/kg) sobre a produção de anticorpos por ratos imunizados com albumina sérica bovina (BSA). O efeito do extrato etanólico de própolis 10% do Brasil e da Bulgária também foi analisado, visando comparar amostras de própolis oriundas de clima tropical e temperado, respectivamente.

Ratos machos (*Rattus norvegicus*) foram tratados com 0,4ml de cada variável por gavagem duas vezes ao dia, por três dias consecutivos. Após 24 horas do último tratamento, os animais foram imunizados com injeção subcutânea de BSA (4mg/ml) em adjuvante completo de Freund. Após quinze e trinta dias, os ratos foram imunizados com BSA (4mg/ml) sem adjuvante incompleto de Freund e somente com BSA (2mg/ml), respectivamente (Sforcin et al., 2005).

O extrato de *Baccharis dracunculifolia* induziu o aumento na produção de anticorpos, embora não significativamente quando comparado com o controle, mas eficientemente quando comparado com os grupos tratados com própolis (ibidem). Os resultados obtidos com os compostos isolados (ácido cafeico e quercetina) não demonstraram efeito na produção de anticorpos. Dados da literatura relatam que o ácido cafeico e a quercetina são responsáveis pelas propriedades antimicrobianas (Mirzoeva et al., 1997) e antitumorais (Lee et al., 2000). Além do efeito de cada constituinte, pode haver efeito sinérgico de vários componentes, conferindo diferentes atividades farmacológicas à própolis.

Nossos resultados demonstraram também que a administração de própolis em ratos aumentou o título de anticorpos anti-BSA após quinze dias de imunização. Embora possa haver diferenças na composição química entre as amostras de própolis do Brasil e da Bulgária devido à flora local, em nosso estudo ambas as amostras estimularam a produção de anticorpos na mesma magnitude após quinze dias de imunização. Não houve efeito do solvente da própolis nesse ensaio, pois os grupos tratados com solução hidroalcoólica apresentaram o mesmo padrão de produção de anticorpos que o grupo controle. A habilidade da própolis em modular a síntese de anticorpos é parte de sua atividade adjuvante, uma vez que esse produto apícola apresenta potente efeito sobre diferentes células da resposta imune inata (Orsi et al., 2000; Murad et al., 2002; Sforcin et al., 2002). Scheller et al. (1988), utilizando a metodologia de células formadoras de placas, verificaram que a própolis estimula a produção de anticorpos em ratos imunizados com eritrócitos de carneiro (SRBC), e sugeriram que a própolis atua em curto prazo no sistema imune. Nossos dados, após tratamento de ratos com própolis por três dias, corroboraram essa afirmação.

Chu (2006) observou que peixes que receberam vacina inativada contra *Aeromonas hydrophila* intraperitonealmente, acrescida de própolis, apresentaram títulos de anticorpos significativamente mais elevados em relação ao grupo que recebeu somente a vacina, em todos os períodos de tempo avaliados, bem como atividade fagocítica mais elevada. Fischer et al. (2007) verificaram que a própolis, além de estimular a resposta imune humoral ao herpesvírus suíno tipo 1, também induziu o aumento na expressão gênica de IFN-γ, correlacionando esse aumento à proteção observada nos animais vacinados e posteriormente desafiados. Essas observações reforçam a ideia de que os imunoestimulantes poderiam ativar células apresentadoras de antígeno, estimulando-as a produzir citocinas ativadoras de linfócitos T e B. Nossos resultados sugerem a possível utilização da própolis e da *Baccharis dracunculifolia* como adjuvante em vacinas.

Produção de intermediários reativos do oxigênio, como o peróxido de hidrogênio (H_2O_2), e do nitrogênio (NO)

Os oxidantes podem danificar importantes moléculas do hospedeiro, estando envolvidos no dano tecidual associado a doenças in-

BACCHARIS DRACUNCULIFOLIA   55

flamatórias. Entretanto, sua produção está relacionada à destruição de microrganismos, sendo um importante mecanismo microbicida da resposta imune. Em trabalho anterior de nosso grupo, verificamos que a incubação de macrófagos com própolis (2,5 a 100μg/ml) *in vitro* induziu a elevação na produção de H_2O_2 (Orsi et al., 2000). O NO também é um importante radical microbicida, por inibir a respiração mitocondrial e a síntese de DNA, bem como o transporte ativo na membrana de microrganismos. Em nossos ensaios, a própolis inibiu a geração de NO por macrófagos peritoneais de camundongos (ibidem).

Em seguida, avaliamos a ação de três principais fontes vegetais de própolis em nossa região (*Araucaria angustifolia*, *Baccharis dracunculifolia* e *Eucalyptus citriodora*, 5, 10 e 20μg/ml) sobre o estado de ativação de macrófagos por meio da determinação de H_2O_2 e NO. O extrato isolado dessas plantas não exerceu efeito sobre a produção de tais metabólitos (Lopes et al., 2003), sugerindo que a ação da própolis é uma consequência dos produtos derivados das plantas e da adição de cera e secreções das abelhas. Ademais, podem haver efeitos sinérgicos dos componentes responsáveis pelos diferentes efeitos farmacológicos desse produto apícola.

Dando continuidade aos estudos com *Baccharis dracunculifolia*, investigamos o efeito do extrato total das partes aéreas, do extrato do lavado glandular, do extrato das folhas, do extrato das raízes e do óleo essencial dessa planta sobre o estado de ativação de macrófagos, bem como de substâncias purificadas. Os dados revelaram que o extrato do lavado glandular, o extrato das folhas e o extrato das raízes induziram a elevação na geração de H_2O_2 por macrófagos. Com relação aos compostos isolados, o óxido de baccharis e o friedelanol estimularam a produção de H_2O_2. Esses achados sugerem fortemente a ação ativadora de extratos e compostos isolados de *Baccharis dracunculifolia* sobre macrófagos (Missima et al., 2007). Futuras investigações contribuirão para o melhor entendimento da ação imunomoduladora dos extratos dessa planta, bem como de seus metabólitos secundários.

Ensaios analgésicos e anti-inflamatórios

A resposta inflamatória é um mecanismo pelo qual o organismo se defende contra infecções e repara danos teciduais. Porém, se a inflamação persistir, torna-se patológica, causando danos ao hospedeiro (Andrade, 2005), podendo ser considerada como uma resposta estereotipada dos tecidos sob os efeitos de estímulos nocivos. Os agentes flogogênicos são aqueles que produzem inflamação ou fenômeno flogístico.

A palavra inflamação significa "colocar fogo", o que implica a cor vermelha, a possibilidade de aquecimento e a geração de dor. Ela é particularmente apropriada para a resposta fisiológica do organismo frente a uma lesão, infecção e, ocasionalmente, autoagressão (Trowbridge e Emling, 1996; Andrade, 2005). As características da inflamação foram primeiramente descritas por Celsus (30 a.C.-38 d.C.), o qual descreveu os quatro sinais cardinais da inflamação: rubor (hiperemia), tumor (edema), calor (aumento da temperatura local) e dor. Posteriormente, Galeno (130-200 d.C.) e finalmente Hunter (1728-1793) adicionaram a perda da função (Douglas, 1994; Andrade, 2005).

Muitos métodos têm sido pesquisados para reduzir os sintomas da dor, e as plantas representam uma parcela importante nesse contexto, sendo utilizadas na medicina popular para esse fim, como é o caso da papoula (*Papaver sominferum*), descrita nas primeiras farmacopeias da Babilônia e da Suméria (Pelt, 1979; Andrade, 2005; da Silva Filho, 2006). Várias espécies do gênero *Baccharis* têm sido amplamente utilizadas pela população para o tratamento de processos inflamatórios, como é o caso da *Baccharis dracunculifolia* (Cifuente et al., 2001). Recentemente, foi relatado que a própolis verde possui expressiva atividade anti-inflamatória (Reis et al. 2000; Paulino et al., 2006; Paulino et al., 2008).

Com o intuito de comprovar seu uso popular, a atividade anti-inflamatória da *Baccharis dracunculifolia* foi investigada pelo nosso grupo de pesquisa. Para isso, a planta foi coletada e autenticada, e o extrato hidroalcoólico de suas partes aéreas foi preparado

BACCHARIS DRACUNCULIFOLIA **57**

(da Silva Filho, 2006; Santos et al., 2010) e utilizado em vários modelos inflamatórios *in vivo*, como edema de pata em ratos induzido por carragenina, edema de pata em ratos induzido por histamina, contorções abdominais induzidas por ácido acético (da Silva Filho, 2001; da Silva Filho et al., 2004b), teste de formalina (Mendes et al., 2000), entre outros (Santos et al., 2010). Além disso, o extrato foi investigado *in vitro* frente à atividade da enzima ciclooxigenase-2 (COX-2) e o fator NF-κB (Schühly et al., 2009).

O extrato hidroalcoólico das partes aéreas da *Baccharis dracunculifolia*, administrado por via oral nas doses de 50, 100, 200 e 400mg/kg, foi capaz de inibir as contorções abdominais induzidas pela injeção de ácido acético 0,6% em camundongos quando comparado ao grupo controle (1% de Tween 80 em salina), sendo a máxima inibição (43%) ocorrida com a dose de 100mg/kg (da Silva Filho, 2006; Santos et al., 2010).

Nesse método de contorções abdominais, o ácido acético age indiretamente, liberando mediadores endógenos, como PGI_2 e PGE_2, que são capazes de sensibilizar os receptores periféricos da dor e também estimular neurônios que são sensíveis a outras drogas que agem no sistema nervoso central (SNC), como os opioides (Matsumoto et al., 1998; Jain et al., 2001). Desse modo, as contorções abdominais produzidas pelo ácido acético são bloqueadas tanto por substâncias analgésicas opioides quanto por anti-inflamatórios não esteroidais (Rates e Barros, 1994; Willianson et al., 1996). No entanto, esse método é inespecífico, podendo conduzir a resultados falso-positivos com alguns compostos não analgésicos, como anti-histamínicos, inibidores da monoaminoxidase (MAO) e sedativos (Rates e Barros, 1994).

Em seguida, avaliamos o extrato hidroalcoólico de *Baccharis dracunculifolia* no modelo de nocicepção induzida por formalina. Esse teste permite avaliar duas fases distintas de sensibilização da dor. A primeira fase ocorre nos primeiros cinco minutos após a injeção da formalina (resposta nociceptica neurogênica ou fase neurogênica) e é caracterizada pela estimulação direta de nociceptores presentes na fibra aferente C e, em parte, em fibras Aδ (libera substância P e glutamato). A segunda fase é a de nocicepção, que ocorre entre quinze e trinta minutos após a injeção da formalina (chamada de resposta nociceptiva inflamatória ou fase inflamatória) e está relacionada à liberação de mediadores proinflamatórios, como bradicinina, histamina, prostaglandinas e serotonina (Reeve e Dickenson, 1995; da Silva Filho, 2006; Santos et al., 2010).

O extrato hidroalcoólico das partes aéreas da *Baccharis dracunculifolia* (25mg/kg a 400mg/kg, via oral) apresentou significativa inibição tanto na fase neurogênica (58% de inibição) quanto na fase inflamatória (83%). Esses resultados sugerem que a atividade anti-inflamatória da *Baccharis dracunculifolia* pode estar relacionada ao efeito observado no ensaio da formalina. Entretanto, a inibição observada na primeira fase desse ensaio sugere que o extrato possa também estar interferindo na produção ou liberação de neuropeptídeos ou glutamato. Os dados obtidos demonstram a influência do extrato tanto na ação de neuropeptídeos como na do glutamato (da Silva Filho, 2006; Santos et al., 2010).

Em seguida, avaliamos o extrato hidroalcoólico de *Baccharis dracunculifolia* frente ao ensaio de inibição do edema de pata em ratos, o qual foi induzido pela utilização de carragenina e, em novo ensaio, pela histamina. A formação do edema após injeção de carragenina na pata de rato é devida à liberação de vários mediadores endógenos, principalmente prostaglandinas, que alcançam seus picos em torno da terceira hora. Inibidores da ciclooxigenase, como a indometacina, podem inibir a formação do edema, sendo esse teste útil para a detecção de fármacos anti-inflamatórios (Di Rosa, 1972). Portanto, sugere-se que extratos e substâncias que inibam o edema provocado por carragenina tenham atividade principalmente sobre a síntese de prostaglandinas, normalmente agindo sobre as cicloxigenases (Alvarez et al., 2000; Santos et al., 2010).

O tratamento com o extrato de *Baccharis* (300mg/kg e 400mg/kg), por via oral, inibiu significativamente a formação do edema de pata em ratos após administração intraplantar de carragenina em 39,3% e 47,5%, respectivamente (da Silva Filho, 2006; Santos et al., 2010). Por outro lado, quando avaliado no ensaio de inibição do edema de pata induzido por histamina em ratos, o extrato hidroalcoólico de *Baccharis dracunculifolia* não inibiu a formação do edema.

Quando avaliado *in vitro* frente à atividade da enzima ciclooxigenase-2, o extrato de *Baccharis* foi capaz de inibir a enzima COX-2, com IC_{50} de 45μg/ml. Em contrapartida, esse extrato não causou efeito inibitório na atividade do fator de transcrição nuclear NF-κB. Outros ensaios também foram realizados (da Silva Filho, 2006; Santos et al., 2010), revelando que o extrato hidroalcoólico das partes aéreas da *Baccharis dracunculifolia* possui expressiva atividade anti-inflamatória.

Recentemente foi demonstrado que tanto a própolis verde quanto seu principal constituinte (artepilina C) possuem atividade anti-inflamatória significativa (Reis et al., 2000; Paulino et al., 2006; Paulino et al., 2008). Além disso, foi observado que a artepilina C, que também está presente no extrato hidroalcoólico das partes aéreas da *Baccharis dracunculifolia*, diminui a formação do edema de pata induzido por carragenina em ratos e diminui a formação de prostaglandina E_2 e a produção de óxido nítrico em células Raw 264.7 (da Silva Filho, 2006; Santos et al., 2010).

Os resultados confirmam o uso popular das folhas de *Baccharis dracunculifolia* no tratamento de processos inflamatórios e comprovam que, assim como a própolis verde, o extrato hidroalcoólico de suas partes aéreas possui atividade anti-inflamatória. Embora a atividade frente à enzima COX-2 tenha sido observada, o envolvimento de outros alvos não pode ser descartado (da Silva Filho, 2006; Santos et al., 2010). Assim, estudos adicionais devem ser realizados futuramente para se conhecer o real mecanismo de ação anti-inflamatória da *Baccharis dracunculifolia*.

Ensaios antiúlcera

A úlcera gástrica é uma lesão benigna da mucosa gástrica ou duodenal que ocorre onde o epitélio da mucosa é exposto a fatores agressivos. Essas úlceras gástricas ou duodenais afetam grande número de pessoas em todo o mundo e são provocadas por vários fatores: estresse, tabagismo, deficiências nutricionais e ingestão de fármacos anti-inflamatórios não esteroidais (Lemos et al., 2007; Andrade, 2005). A causa habitual da ulceração é o desequilíbrio entre os fatores gastrintestinais defensivos (forças de resistência da mucosa) e agressivos (velocidade de secreção do suco gástrico) (Andrade, 2005).

A mucosa gástrica é continuamente exposta a agentes potencialmente irritantes, como ácido, pepsina, ingredientes alimentares, bactérias e medicamentos, os quais estão implicados na patogênese da úlcera gástrica, incluindo o aumento da secreção gástrica de ácido e pepsina, a diminuição do fluxo sanguíneo gástrico, a supressão de produção de prostaglandinas endógenas, a inibição da proliferação de células da mucosa e a alteração da mobilidade gástrica (Konturek et al., 1998; Andrade, 2005).

O tratamento atual da úlcera péptica é geralmente baseado na inibição da secreção gástrica pela utilização, principalmente, de antagonistas seletivos de receptores H_2 da histamina e inibidores da bomba de prótons, H^+/K^+ ATPase (Andrade, 2005). Entretanto, a maior parte desses fármacos produz efeitos adversos graves, como hipersensibilidade, arritmias, impotência, ginecomastia e alterações hematopoiéticas (Lemos et al., 2007). Isso implica na necessidade de desenvolvimento de fármacos mais eficazes e seguros que possam ser utilizados no tratamento das úlceras pépticas e duodenais.

Muitos metabólitos secundários isolados de plantas medicinais apresentam atividade antiúlcera, e várias plantas são atualmente utilizadas na medicina popular brasileira para esse fim (Andrade, 2005; Lemos et al., 2007).

Recentemente, nosso grupo de pesquisas avaliou a atividade antiúlcera do extrato hidroalcoólico da própolis verde, evidenciando seu efeito gastroprotetor (Barros et al., 2008). Baseado nesses estudos e, principalmente, considerando que a *Baccharis dracunculifolia* é uma espécie medicinal utilizada popularmente no Brasil para o tratamento de úlceras, nosso grupo de pesquisas realizou

BACCHARIS DRACUNCULIFOLIA   61

estudo *in vivo* para avaliar a atividade antiúlcera do extrato hidroalcoólico das partes aéreas da *Baccharis dracunculifolia* (Lemos et al., 2007). Utilizamos os modelos de úlcera induzida por etanol, por indometacina (anti-inflamatório não esteroidal), por estresse e por determinação da secreção gástrica (ibidem).

Os resultados demonstraram que o extrato hidroalcoólico das partes aéreas da *Baccharis dracunculifolia*, utilizado nas doses de 50, 250 e 500mg/kg (via oral), inibiu a formação de úlceras induzidas por etanol em 79,9%, 95,0% e 98,9%, respectivamente, em relação ao grupo controle, no qual os animais receberam somente o veículo para a solubilização do extrato (ibidem).

Do mesmo modo, o extrato hidroalcoólico das partes aéreas da *Baccharis dracunculifolia* promoveu a inibição das úlceras provocadas pela utilização de indometacina em 44,5%, 74,8% e 75,6%, quando o extrato foi administrado por via oral nas doses de 50, 250 e 500mg/kg, respectivamente (ibidem).

De forma similar, o extrato de *Baccharis dracunculifolia* também promoveu a redução da formação das úlceras provocadas por estresse nos animais, com percentagens de inibição em torno de 70% para as doses mencionadas anteriormente. Além disso, esse extrato reduziu significativamente o volume de suco gástrico nos animais tratados, em comparação aos animais do grupo controle (ibidem).

A análise dos resultados obtidos nesse estudo evidenciou que o extrato hidroalcoólico das partes aéreas da *Baccharis dracunculifolia* apresenta atividade gastroprotetora, a qual foi evidenciada pela significativa inibição da formação de úlcera em diferentes modelos experimentais *in vivo*, além de diminuir também a secreção gástrica nos animais. A análise fitoquímica do extrato utilizado sugere que a atividade apresentada esteja relacionada à presença de flavonoides, ácido cinâmico e triterpenos presentes na *Baccharis dracunculifolia*. Os resultados obtidos foram similares àqueles observados no estudo da atividade antiúlcera da própolis verde e corroboram o uso popular da *Baccharis dracunculifolia* no tratamento de úlceras, contribuindo para a validação farmacológica desta importante espécie medicinal (ibidem).

Ensaios antimicrobianos e anticariogênicos

Como a mais importante arma química das abelhas contra microrganismos patogênicos, a própolis tem sido utilizada pela humanidade desde a Antiguidade e ainda é um das preparações mais comuns usadas popularmente para o tratamento de diversos tipos de doenças e processos infecciosos (Bankova et al., 2000; da Silva Filho, 2006; Jorge et al., 2008). Assim, no que diz respeito a produtos naturais com atividade antimicrobiana, a própolis verde brasileira tem recebido cada vez mais importância, sendo alvo de vários estudos que abordam suas propriedades antimicrobianas (Sforcin et al., 2000; Sforcin et al., 2001; Freitas et al., 2006).

Com o objetivo de investigar a atividade antimicrobiana do extrato hidroalcoólico das partes aéreas da *Baccharis dracunculifolia* e compará-la à atividade antimicrobiana do extrato hidroalcoólico da própolis verde, esses extratos foram preparados, e sua ação, avaliada contra as seguintes bactérias e fungos (da Silva Filho et al., 2008a): *Candida albicans, Candida glabrata, Candida krusei, Cryptococcus neoformans, Staphylococcus aureus* meticilina-resistente e *Mycobacterium intracellulare.*

Tanto o extrato de *Baccharis dracunculifolia* quanto o de própolis apresentaram atividades antifúngica e antibacteriana, especialmente contra *Candida krusei*: o extrato de *Baccharis dracunculifolia* apresentou IC_{50} de 65μg/ml, e o de própolis, IC_{50} de 9μg/ml. Alguns metabólitos secundários isolados da *Baccharis dracunculifolia* também foram avaliados nos ensaios, sendo que as melhores atividades antimicrobianas foram observadas para o ácido ursólico e o ácido 2α-hidróxi-ursólico, os quais foram ativos frente à bactéria *Staphylococcus aureus* meticilina-resistente e também para a isosacuranetina, a qual foi ativa contra *Cryptococcus neoformans*. A análise cromatográfica por Clae e identificação dos principais constituintes do extrato de própolis avaliado evidenciou que os compostos prenilados artepilina C, bacarina e drupanina são os principais constituintes desse extrato (ibidem).

A atividade antimicrobiana desses compostos prenilados foi relatada na literatura frente a algumas bactérias e fungos (Feresin et al., 2003). Tendo em vista o mecanismo da atividade antimicrobiana da própolis, a literatura relata que tal efeito é complexo e atribuído principalmente à presença de compostos fenólicos, bem como ao possível sinergismo entre compostos presentes no extrato da própolis (Marcucci et al., 2001; Jorge et al., 2008). A atividade antibacteriana de diferentes frações de própolis brasileira frente a S. aureus foi examinada e está relacionada, principalmente, a compostos fenólicos polares. Outros estudos revelaram que alguns diterpenos ácidos encontrados em amostras da própolis brasileira possuem expressiva atividade antibacteriana (Banskota et al., 2001).

Apesar das diferenças na composição química das diferentes própolis de várias regiões do mundo, a maior parte dessas amostras de própolis exibe atividade antimicrobiana (ibidem). Tal atividade é bem compreendida, já que as abelhas coletam a própolis principalmente para prevenir a decomposição de insetos e outros organismos que foram mortos por elas próprias após uma invasão na colmeia. Assim, desde o início das pesquisas com a própolis, vários pesquisadores têm estudado suas propriedades antimicrobianas (Banskota et al., 2001; da Silva Filho et al., 2008a; Jorge et al., 2008).

Por outro lado, a atividade antimicrobiana de extratos de outras plantas do gênero *Baccharis* tem sido descrita na literatura. Foram identificados como constituintes antimicrobianos ativos de *B. grisebachii* derivados prenilados do ácido cumárico e diterpenos do tipo labdano, os quais foram ativos frente a diversas cepas de bactérias e fungos, sendo a atividade do extrato bruto da planta maior que a atividade dos metabólitos isolados (Feresin et al., 2003).

Vários estudos demonstraram também a atividade da própolis frente a microrganismos cariogênicos, como o *Streptococcus mutans* (Koo et al., 2000; Koo et al., 2002; Duarte et al., 2003).

O *S. mutans* é considerado um dos agentes primários que causam as cáries dentais. Esse microrganismo sintetiza ácidos orgânicos a partir de carboidratos, aumentando a probabilidade de formação de cáries. Além disso, os principais fatores de virulência associados com a cariogenicidade incluem adesão, acidogenicidade e tolerância a ácidos. Dessa forma, as bactérias produzem glicosiltransferases (GTFs) e sintetizam glicanos a partir da glicose, os quais promovem a aderência do *S. mutans* e outras bactérias bucais nas superfícies de dentes, contribuindo para a formação da placa bacteriana. A inibição desse processo poderia contribuir para a prevenção de cáries dentais (Harvey, 2000; Leitão et al., 2004). Assim, tendo em vista a atividade da própolis frente ao *S. mutans*, nosso grupo realizou estudos para determinar e comparar os efeitos dos extratos hidroalcoólicos da própolis verde e da *Baccharis dracunculifolia* sobre a produção de ácidos e a síntese de glucanos pelas glicosiltransferases obtidas do *S. mutans*, em busca de compostos que possam ser utilizados na prevenção da cárie (Leitão et al., 2004).

Os resultados obtidos indicaram que a produção glicolítica de ácidos pelo *S. mutans* foi inibida tanto na presença do extrato da própolis quanto na do extrato de *Baccharis dracunculifolia* em uma relação dose-resposta, apresentando valores de IC_{50} iguais a 0,34mg/ml e 0,4 mg/ml, respectivamente (ibidem).

Adicionalmente, os efeitos inibitórios do extrato de própolis e de *Baccharis dracunculifolia* sobre a síntese de glicanos solúveis e insolúveis por glicosiltransferases de *S. mutans* foram avaliados. A análise dos resultados obtidos revelou que ambos os extratos promovem a inibição da síntese de glucanos insolúveis pelas GTFs bacterianas em concentrações menores que 10µg/ml, evidenciando IC_{50} de 12,9µg/ml e 25µg/ml para os extratos da própolis e de *Baccharis dracunculifolia*, respectivamente. De forma similar, tanto o extrato da própolis (IC_{50}: 50,4µg/ml) quanto o de *Baccharis dracunculifolia* (IC_{50}: 49,1µg/ml) promoveram a inibição da síntese de glucanos solúveis pelas GTFs bacterianas (ibidem).

Vários estudos têm reforçado os efeitos de diferentes amostras de própolis sobre a síntese de glicanos por GTFs de *S. mutans* (Koo et al., 2002). Diferentemente de produtos derivados de plantas, a composição da própolis é extraordinariamente variável, gerando um sério problema para seu controle de qualidade. Visto que a *Baccharis dracunculifolia* e a própolis verde apresentam atividade anticariogênica similar, foi proposto que os extratos de *Baccharis dracunculifolia* poderiam ser incorporados, com sucesso, em produtos farmacêuticos destinados à prevenção de cárie dental (Leitão et al., 2004).

Atividade antiparasitária

Os protozoários estão entre os patógenos mais comuns e são reconhecidos como agentes causadores das doenças tropicais mais sérias do mundo. A malária, a doença de chagas, a leishmaniose, a toxoplasmose, a amebíase e a esquistossomose são parasitoses que afetam aproximadamente 25% da população mundial, principalmente em países em desenvolvimento, causando perdas de vida e de produtividade (Kayser et al., 2002; da Silva Filho et al., 2008b; Magalhães et al., 2009).

A leishmaniose é uma infecção parasitária causada por espécies de protozoários do gênero *Leishmania*, entre elas a *Leishmania braziliensis* e a *Leishmania donovani*. Segundo a Organização Mundial de Saúde (OMS), a leishmaniose atinge mais de 80 países, onde cerca de 12 milhões de pessoas estão infectadas e aproximadamente 350 milhões de pessoas estão expostas ao risco de infecção. Somente no Brasil, há cerca de 26 mil casos registrados de leishmaniose por ano (Chan-Bacab e Peña-Rodríguez, 2001).

Já a doença de chagas ou tripanosomíase americana, causada pelo parasita *Trypanosoma cruzi*, afeta mais de 18 milhões de pessoas na América Latina, levando a aproximadamente 400 mil mortes por ano. Somente no Brasil existem entre 5 e 6 milhões de pessoas infectadas, sendo que 300 mil delas vivem no estado de São Paulo (da Silva Filho et al., 2004c). A transfusão de sangue é o mais importante mecanismo da transmissão, sendo a violeta de genciana ainda o único fármaco quimioprofilático disponível capaz de eliminar o parasita do sangue antes da transfusão. Apesar da sua boa atividade, a violeta de genciana é mutagênica e é rejeitada pelos pacientes, pois causa alteração da cor do sangue (Coura e De Castro, 2002).

Assim, desde a última década tem havido uma intensa procura por novos fármacos tripanocidas e leishmanicidas, especialmente a partir de fontes naturais. Essa procura por novos fármacos antiparasitários naturais resultou na descoberta de várias substâncias ativas a partir de plantas medicinais e também da própolis verde brasileira (da Silva Filho et al., 2004a; da Silva Filho et al., 2008b; da Silva Filho et al., 2009).

Recentemente foi relatado que a própolis verde possui atividade contra as formas tripomastigotas do *Trypanosoma cruzi* e também contras as formas promastigotas do *Leishmania braziliensis*. Ensaios *in vivo* realizados em camundongos revelaram que os animais tratados tópica ou oralmente com a própolis verde (1,5mg/kg/dia) apresentaram redução de 90% no desenvolvimento das lesões leishmanióticas em comparação ao grupo controle (Pontin et al., 2008).

Considerando a atividade apresentada pela própolis verde e dando continuidade aos estudos com *Baccharis dracunculifolia*, nosso grupo avaliou as atividades tripanocida, leishmanicida e antimalárica do extrato hidroalcoólico e de compostos isolados da *Baccharis dracunculifolia* (da Silva Filho et al., 2004a; da Silva Filho et al., 2009).

Os ensaios tripanocidas *in vitro* foram realizados usando formas tripomastigotas de *Trypanosoma cruzi*, as quais foram incubadas juntamente com extrato bruto e compostos isolados de *Baccharis dracunculifolia* (da Silva Filho et al., 2004a). Evidenciamos que a *Baccharis dracunculifolia* causou 100% de lise das formas tripomastigotas de *Trypanosoma cruzi*. Esse extrato bruto foi então submetido ao estudo fitoquímico, e os compostos purificados desse extrato foram avaliados no ensaio tripanocida, utilizando as formas tripomastigotas de *Trypanosoma cruzi*. Entre os compostos purificados e avaliados, os melhores resultados foram obtidos com o flavonoide isosacuranetina e o triterpeno óxido de baccharis, os quais apresentaram IC$_{50}$ de 247,6µM e 249,8µM, respectivamente.

Já os compostos aromadendrina-4'-metil éter, ácido ferúlico, ácido diidrocinâmico e ácido 3-prenil-4-diidroxicinamoiloxicinâmico apresentaram atividade tripanocida moderada, enquanto o triterpeno friedelanol foi inativo (ibidem). De acordo com a literatura, flavonoides altamente oxigenados possuem grande capacidade de inibir a enzima GAPDH do *Trypanosoma cruzi*, a qual catalisa a fosforilação oxidativa do gliceraldeído-3-fosfato a 1,3-difosfoglicerato do parasita. Por outro lado, a atividade tripanocida de triterpenos tem sido amplamente investigada, e a presença de grupos polares em triterpenos é característica importante para a atividade contra o *Trypanosoma cruzi* (ibidem).

Ensaios leishmanicidas também foram realizados com o extrato bruto e compostos purificados de *Baccharis dracunculifolia* frente a formas promastigotas de *Leishmania donovani*. Além disso, nosso grupo comparou as atividades leishmanicidas dos extratos hidroalcoólicos da própolis verde e da *Baccharis dracunculifolia*. Tanto os extratos hidroalcoólicos da planta como os da própolis verde foram ativos, apresentando valores de IC_{50} similares, por volta de 45µg/ml. Ensaios de citotoxicidade utilizando células Vero mostraram que esses extratos não foram citotóxicos nas máximas concentrações avaliadas (da Silva Filho et al., 2009).

Entre os compostos purificados do extrato hidroalcoólico de *Baccharis dracunculifolia* e avaliados nesses ensaios leishmanicidas *in vitro*, os melhores resultados foram obtidos com o ácido ursólico e a lactona diterpênica do ácido hautriwaico, os quais exibiram valores de IC_{50} de 3,7µg/ml e 7µg/ml, respectivamente. Já os triterpenos ácido 2α-hidróxi-ursólico e uvaol, isolados do extrato de *Baccharis*, apresentaram IC_{50} de 19µg/ml e 15µg/ml, respectivamente, enquanto a pentamidina, utilizada como controle positivo, mostrou IC_{50} de 1,9µg/ml (ibidem).

Por outro lado, os ensaios antimaláricos *in vitro* realizados com os extratos hidroalcoólicos da própolis verde e de *Baccharis dracunculifolia* frente ao parasita *Plasmodium falciparum* mostraram que esses extratos apresentaram resultados de IC_{50} similares, próximos a 25μg/ml para as cepas D6 (cloroquina-sensível) do parasita (ibidem).

Em relação aos metabólitos secundários avaliados, a lactona diterpênica do ácido hautriwaico apresentou a melhor atividade (IC$_{50}$ 0,8μg/ml para cepas D6), seguida pela viscidona (IC$_{50}$ 1,9μg/ml) e pelo triterpeno ácido ursólico, o qual somente foi ativo frente as cepas D6 cloroquina-sensíveis (IC$_{50}$ 1μg/ml). Já a artemisina, utilizada como controle positivo, apresentou IC$_{50}$ de 0,06μg/ml (ibidem).

Os estudos antiparasitários realizados com os extratos de *Baccharis dracunculifolia* e da própolis verde, bem como com os metabólitos secundários isolados da planta, apresentaram atividades antiparasitárias similares para a *Baccharis dracunculifolia* e a própolis verde. Além disso, evidenciaram que os triterpenos e diterpenos encontrados na planta são os principais responsáveis por tais atividades (ibidem). No entanto, novas investigações devem ser realizadas no intuito de explorar melhor o potencial antiparasitário desses extratos e de outros metabólitos da espécie, principalmente estudos *in vivo* e investigações sobre o mecanismo de ação desses extratos.

5
CONTROLE DE QUALIDADE DAS PARTES AÉREAS DA *BACCHARIS DRACUNCULIFOLIA*

João Paulo Barreto de Sousa
Jairo Kenupp Bastos

Considerações gerais na validação de método

A validação de método analítico visa assegurar a credibilidade de medições químicas por meio de sua comparabilidade, rastreabilidade e confiabilidade durante o uso rotineiro, sendo um processo que fornece evidência documentada de sua eficiência (Sousa, 2007).

Na década de 1970, órgãos do governo norte-americano constataram enorme variabilidade de resultados obtidos em análises toxicológicas de amostras submetidas a estudos interlaboratoriais (Chasin et al., 1994). A partir dessa época, a importância da validação em análise química tornou-se mais acentuada, o que resultou em iniciativas de instituições americanas, como o *Food and Drug Administration* (FDA) e a *Environmental Protection Agency* (EPA) na realização de estudos para assegurar a integridade dos dados laboratoriais. Os resultados desses estudos foram fundamentais para que essas instituições fundassem o sistema ISO/IEC-25 (*International Standardization Organization/International Electrotechnical Commission*) (Lanças, 2004). O principal objetivo dessas organizações tem sido a padronização das exigências a serem seguidas pelos laboratórios visando demonstrar competência na realização dos serviços, bem como tornar os resultados internacionalmente aceitos e passíveis de reprodução em outros laboratórios.

Dentro do âmbito geral de Metrologia Química, cada país estabelece seu próprio programa para assegurar a qualidade de serviços, entretanto, sempre em concordância com as normas ISO/IEC-25. No Brasil, a Agência Nacional de Vigilância Sanitária (Anvisa) e o Instituto Nacional de Metrologia, Normalização e Qualidade Industrial (Inmetro) são agências credenciadoras para verificar a competência de laboratórios de ensaios. Esses dois órgãos disponibilizam guias para o procedimento de validação de métodos analíticos (Sousa, 2007). Na Europa e no Japão, a *International Conference on Harmonization* (ICH) e a *The United States Pharmacopeia* (USP) definem parâmetros, requerimentos e, em alguns casos, também metodologias para o processo de validação. Além destas, a *International Union of Pure and Applied Chemistry* (Iupac) e a *Association of Official Analytical Chemistry* (Aoac) também têm proposto guias sobre validação de métodos.

Levando em conta essas distintas agências credenciadoras, os parâmetros de desempenho, como seletividade ou especificidade, linearidade, limites de detecção e quantificação, precisão, exatidão e robustez, são bem descritos na literatura (Anvisa, 2003; Cass e Degani, 2001; Inmetro, 2003 Lanças, 2004; Ribani et al., 2004; 2007; Shabir, 2003; Thompson et al., 1999; 2002; Vessman et al., 2001) e fortemente recomendados em todos os processos de validação.

Validação de método a partir de matéria-prima vegetal

A partir de matéria-prima vegetal, considerando que o processo de coleta, a fitoquímica e os ensaios biológicos encontram-se em fase avançada de realização ou que já foram concluídos, pode-se iniciar a validação do método analítico. Frequentemente a identidade de uma matéria-prima vegetal e sua qualidade são analisadas por meio da presença de marcadores químicos que podem ou não ser os responsáveis pelo efeito farmacológico. Contudo, nem sempre esse procedimento garante a autenticidade do material, devido às diferentes formas de falsificação que podem ser conduzidas até a obtenção do produto final (Schaneberg et al., 2003). Dessa forma, uma alternativa para assegurar a identidade e qualidade de um material vegetal, além da identificação botânica, é a validação de método cromatográfico. Metodologias que utilizam técnicas cromatográficas como a cromatografia de fase gasosa (CG) e a cromatografia líquida de alta eficiência (Clae) têm sido amplamente empregadas tanto para estudo fitoquímico quanto na química analítica para o controle de qualidade de plantas medicinais, uma vez que proporcionam vantagens, como elevada eficiência e rapidez (Sousa et al., 2007a).

No entanto, é importante ressaltar que entre a fitoquímica e o método cromatográfico validado há uma lacuna denominada "isolamento de padrões cromatográficos". O isolamento desses padrões está inserido nos procedimentos fitoquímicos, daí a importância de iniciar a fitoquímica antes da proposição de um método. Padrões cromatográficos podem ser definidos como compostos majoritários ou marcadores presentes em uma dada amostra a ser analisada por cromatografia, devendo apresentar elevado grau de pureza e ser capazes de garantir a autenticidade do produto em distintas condições, respeitando o método cromatográfico validado. Assim, levando-se em conta amostras vegetais, sabe-se que, na maioria das vezes, os padrões que garantem a qualidade destas não estão disponíveis no mercado. Por outro lado, para a validação de método há a necessidade de no mínimo 0,05g desses padrões com níveis superiores a 95% de pureza. Esse formato de isolamento torna-se determinante para viabilizar a validação de um método. Além disso, logo após qualquer procedimento de obtenção de substâncias, estas devem ser identificadas fidedignamente, o que pode aumentar o grau de dificuldade, considerando a obtenção de padrões cromatográficos.

Quando as etapas de processo de coleta, investigação fitoquímica, avaliação das atividades biológicas e a obtenção dos padrões foram atingidas com sucesso, o próximo passo é a definição do método analítico de extração. O ideal em relação ao método analítico de extração é que este esteja diretamente relacionado ao método cromatográfico que será validado. Isso é coerente, pois, durante o uso em rotina, o material vegetal será disponibilizado em sua forma *in natura*. Nesse caso, uma das melhores alternativas seria partir de uma alíquota desse material, que seria submetida à extração previamente estipulada, que, por sua vez, resultaria na obtenção da amostra, a qual estaria prontamente disponibilizada para análise.

O método analítico de extração deve ser desenvolvido de modo que os parâmetros fixados sejam acessíveis, robustos e de fácil reprodução. Em geral, os principais parâmetros a serem avaliados são: quantidade de material vegetal, a forma que a matéria-prima será utilizada (*in natura*, pó, líquida, recortada em pedaços etc.), as características do solvente extrator e as condições de extração (filtragem, tempo, agitação, temperatura etc.). Todos esses parâmetros deverão ser otimizados de modo a se obter uma amostra representativa contendo todos os compostos a serem quantificados, com tempo e agitação relativamente rápidos, em temperatura branda e com sistema de filtragem fácil, eficiente e versátil. Além disso, o método analítico de extração deverá ser capaz de realizar extrações em batelada e atender a melhor relação custo-benefício.

Por tratar-se de método cromatográfico, logo após a realização do método analítico de extração a amostra deverá estar adequada para análise, e a próxima etapa é o desenvolvimento das condições que estão inseridas na cromatografia. Citando como exemplo a cromatografia de fase gasosa, há as seguintes condições: temperaturas do forno, injetor, detector, escolha do detector, gás de arraste, fluxo do gás de arraste, escolha da coluna cromatográfica, modo de análise (*split, splitless, on colunm*), modelos de injetores (manual, automático, com variações de temperatura), entre outros. Já na cromatografia líquida de alta eficiência há a fase móvel, tipos de solventes, sistemas binário, ternário ou quaternário, escolha de detectores, escolha da coluna cromatográfica com respectiva pré-coluna, modelos de injetores (manual, automático) etc. Somente por meio do conhecimento das características físico-químicas de uma dada amostra será possível a seleção da técnica cromatográfica e dos modelos de injeção e detecção para que seja efetuada a análise adequada.

Feita a escolha da técnica cromatográfica de análise mais adequada em conjunto com as condições preliminares elaboradas, inicia-se então a obtenção dos perfis cromatográficos propriamente ditos, e a seletividade ou especificidade do método deverá ser alcançada (Anvisa, 2003; Inmetro, 2003; Ribani et al., 2004; 2007; Thompson et al., 1999; 2002). Durante os estudos em busca da melhor seletividade ou especificidade, diferentes compostos deverão ser avaliados, em conjunto com a amostra de interesse, visando definir os padrões interno e secundário. O padrão interno é um componente que não faz parte da amostra, porém deve apresentar estrutura química similar à dos compostos em análise, ser solúvel no solvente extrator já selecionado para o método analítico de extração, apresentar tempo de retenção diferente daquele dos compostos a serem quantificados, estar disponível no mercado com elevado grau de pureza, e, se possível, apresentar baixo custo. O padrão secundário também não faz parte da amostra em análise, deve apresentar as mesmas características do padrão interno e tempo de retenção diferente do padrão interno já escolhido. O uso de padronização interna é bastante importante na validação de método cromatográfico, pois qualquer influência (temperatura ambiente, solventes, reagentes ou gases de diferentes fabricantes etc.) que promova alguma alteração na amostra também ocorrerá com o padrão interno. Assim, com o uso desse padrão é possível detectar eventuais erros ou anular algumas variações que possam ocorrer durante o uso rotineiro, o que garante a qualidade do método validado por um período de tempo prolongado. O padrão secundário deve ser utilizado especialmente nos estudos de recuperação, com a função de garantir que o padrão interno esteja sendo recuperado ou não, o que permite dizer se o método também apresenta exatidão adequada em relação ao padrão interno. Na literatura corrente existe o termo "padrão externo". No caso de validação de método cromatográfico envolvendo plantas medicinais, esse padrão externo possui significado equivalente a padrões cromatográficos, referindo-se aos próprios componentes da amostra a ser quantificada, os quais devem ser extremamente puros.

Logo após a definição plena dos parâmetros de seletividade ou especificidade do método, considerando que os padrões interno e secundário já tenham sido escolhidos, atendendo a todos os requisitos relatados, há uma peculiaridade adicional que deve ser avaliada antes da elaboração de todos os parâmetros de validação: o método de extração deve fornecer a amostra diretamente para a análise. É plausível saber se os padrões cromatográficos, quando submetidos a esse método de extração, serão também recuperáveis dentro de uma faixa de erro aceitável. Para tal há a necessidade da elaboração de curvas analíticas, e, por outro lado, existe a dificuldade em se isolar quantidade adequada desses padrões, já que esse procedimento deve ser considerado um teste preliminar, pois dificilmente será possível obter recuperação e exatidão sem conhecer a precisão do método e vice-versa. Diante desse impasse, uma alternativa viável é selecionar apenas um padrão cromatográfico para o teste preliminar de linearidade e recuperação. Certamente esse padrão deve ser o majoritário e de fácil obtenção. Na maioria das vezes, se pelo menos um composto da amostra apresenta recuperação e exatidão adequadas, a chance de os outros compostos apresentarem o mesmo comportamento é aumentada. Adicionalmente, mesmo realizando o teste com somente um padrão, será possível definir a continuidade ou não dos parâmetros de validação.

Depois de seguir todos os procedimentos mencionados, se o ponto de partida forem plantas medicinais, atendendo todas as características e peculiaridades e obtido resultados aceitáveis, a próxima etapa culminará na realização de todos os parâmetros de validação, no sentido de validar item por item dentro de valores aceitáveis. Ao final desse processo o método cromatográfico estará validado e poderá ser utilizado como ferramenta analítica no uso em rotina e no controle de qualidade da espécie vegetal. Na Figura 16 sugere-se o ciclo de validação, tendo como ponto de partida a matéria-prima vegetal.

Figura 16 – Ciclo de validação de método a partir de matéria-prima vegetal. LOD: limite operacional de detecção; LOQ: limite operacional de quantificação

Quantificação dos principais compostos fenólicos encontrados nas folhas de *Baccharis dracunculifolia*

A quantificação dos principais compostos fenólicos presentes nas partes aéreas da *Baccharis dracunculifolia* foi validada utilizando-se a cromatografia líquida de alta eficiência (Sousa et al., 2009a). Esse método seguiu todos os itens apresentados no ciclo de validação, conforme apresentado na Figura 16.

A seletividade foi determinada pela comparação do perfil cromatográfico dos padrões em relação ao perfil obtido das amostras. Além disso, foi realizado estudo comparativo entre os tempos de retenção e espectros de UV, considerando esses dois perfis. Para padronização interna foram avaliados compostos como diferentes cumarinas e aldeídos, tetrametilbenzeno e benzofenona. O padrão interno selecionado foi o veratraldeído (3,4-dimetoxibenzaldeído) e o padrão secundário foi a benzofenona (difenilcetona). A Figura 17 apresenta os perfis cromatográficos dos principais compostos fenólicos detectados nos extratos hidroalcoólicos das folhas de *Baccharis dracunculifolia*, os quais também são passíveis de serem quantificados com precisão. A Tabela 3 apresenta a legenda e os nomes, bem como as características físico-químicas e estruturais de cada um desses padrões cromatográficos. A Figura 18 apresenta os perfis cromatográficos dos extratos hidroalcoólicos das partes aéreas dessa planta, coletada em três distintas regiões. Nesses perfis observa-se ótima seletividade e excelente reprodução de análise, visto que essas amostras foram coletadas em épocas e localidades diferentes e foram analisadas em períodos distintos, considerando o desenvolvimento do método.

Os nomes científicos dos fenólicos utilizados nos procedimentos de validação, bem como nos estudos de cultivo e de sazonalidade, estão descritos na legenda da Figura 17. Porém, para melhor contextualização, os nomes usuais e abreviaturas como apresentados na Tabela 3 serão preferencialmente utilizados. A abreviatura do fenólico 2,2-dimetil-6-carboxietenil-2H-1-benzopirânico (DCBEN) (número 10) foi descrita pela primeira vez em trabalho realizado por Marcucci et al. (2001).

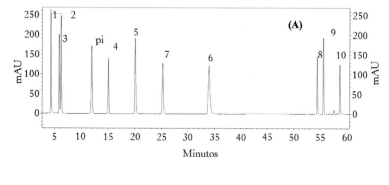

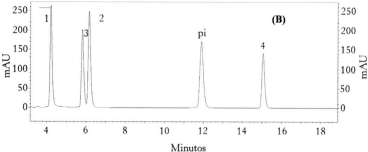

Figura 17 – (A) Perfil cromatográfico, em 280nm, dos principais padrões cromatográficos encontrados em extratos hidroalcoólicos das folhas de *Baccharis dracunculifolia*. (B) Ampliação de (A)
1) ácido 3,4-diidroxicinâmico (ácido cafeico); 2) ácido 4-hidroxi-3-metoxicinâmico (ácido ferúlico); 3) ácido 4-hidroxicinâmico (ácido p-cumárico ou cumárico); 4) ácido cinâmico; 5) aromadendrina-4'-metil éter (AME); 6) Isosacuranetina; 7) ácido 3-prenil-4-hidroxicinâmico (drupanina); 8) ácido 3,5-diprenil-4-hidroxicinâmico (artepelina®); 9) ácido 3-prenil-4--diidrocinamoilóxi-cinâmico (Bacarina); e 10) 2,2-dimetil-6-carboxietenil-2H-1-benzopirânico (DCBEN). pi: padrão interno (veratraldeído ou 3,4-dimetoxibenzaldeído).

Condições cromatográficas: coluna de fase reversa C_{18} (Shim--Pack 250mm de comprimento X 4,6mm de diâmetro interno) protegida por pré-coluna do mesmo material. Como fase móvel foi utilizada solução tampão na fase A (ácido acético, acetato de amônia, metanol e água 0,8:0,3:5:93,9, volume/massa/volume/ volume) e acetonitrila na fase C, sob vazão de 1 ml/min. Gradiente multilinear desenvolvido da seguinte forma: 5min. isocrático com

BACCHARIS DRACUNCULIFOLIA   77

25% de fase C, elevando-se para 35% de C (5-10min.), e, por conseguinte, 38% de C (10-15min.), 40% de C (15-20min.), 45% de C (20-45min.), 70% de C (45-50min.), 80% de C (50-55min.), 100 % de C (55-60min.). O volume de amostra analisada sob esse sistema foi de 15µL. O detector utilizado foi luz UV com arranjo de diodos, trabalhando em 280nm (Sousa et al., 2007a; Sousa et al., 2009a).

Tabela 3 – Características dos padrões cromatográficos

Legenda	Nomes	Tempo de ret.	UV-$_{\lambda max}$	Estruturas químicas
1	Ácido cafeico R = OH	4,2	325	
2	Ácido ferúlico R = H$_3$CO	6,2	320	
3	Ácido cumárico R = OH	5,8	307	
4	Ácido cinâmico R = H	15,1	272	
5	AME R = OH	20	289	
6	Isosacuranetina R = H	33,9	275	
7	Ácido 3-prenil-p--cumárico (Drupanina)	25,2	312	
8	Ácido 3,5-diprenil-p--cumárico (Artepelina C ou artepelina®)	54,4	311	
9	Ácido 3-prenil-4--diidrocinamoilóxi--cinâmico (Bacarina)	55,6	289	
10	2,2-dimetil-6--carboxietenil-2H-1--benzopirânico (DCBEN)	58,7	267	

(Sousa et al., 2007a e 2009a). AME: aromadendrina-4'-metil éter.

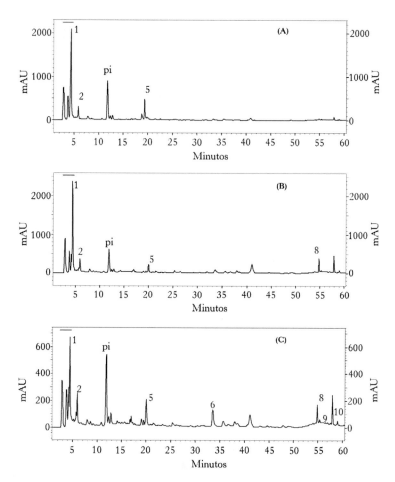

Figura 18 – Perfis cromatográficos, em 280nm, de três amostras de *Baccharis dracunculifolia*: (A) coletada na região de Colombo (PR); (B) coletada na região de Alfenas (MG); (C) coletada na região de Campinas (SP). A numeração segue a legenda da Tabela 3. pi: padrão interno (Sousa et al., 2009a). As condições cromatográficas estão descritas na Figura 17

A linearidade e recuperação preliminares foram realizadas com o ácido cafeico e com os padrões interno e secundário. Estes, juntamente com os ácidos cumárico, ferúlico e cinâmico, estão disponíveis no mercado, com elevado grau de pureza e sendo de fácil aquisição. Por meio desse teste foi possível calcular a recuperação e exatidão de um dos compostos, o ácido cafeico, e do padrão interno, o veratraldeído.

Para a determinação da linearidade foram elaboradas curvas analíticas de cada padrão cromatográfico. Nessas curvas não foi omitida nenhuma das concentrações, como mostra o exemplo na Figura 19A (Sousa, 2007), pois o objetivo foi verificar quais concentrações estavam dentro da faixa linear de trabalho. Os cálculos das faixas lineares, utilizando as curvas analíticas com todos os pontos, foram dados pela elaboração de gráficos relacionando a resposta relativa (área/concentração) no eixo das ordenadas e a escala logarítmica da concentração de cada fenólico no eixo das abscissas (Figura 19B). Por meio da análise desses gráficos, as faixas lineares dinâmicas de cada componente foram determinadas, e novas curvas analíticas foram propostas (Figura 19C), excluindo-se as concentrações que estavam acima e abaixo do erro relativo permitido de ± 5%. A faixa linear dinâmica, considerando todos os padrões, incluindo o interno e secundário, variou entre 20µg/ml e 800µg/ml, e os coeficientes de correlação R^2 apresentaram variações de 0,9986 a 0,9998.

Os limites de detecção e quantificação foram obtidos com base em parâmetros de curvas analíticas (Ribani et al., 2007). Esse método é bastante adequado por permitir a aplicação de análises estatísticas, apresentando resultados confiáveis. Por essa razão, a faixa linear de trabalho, considerando os ácidos cafeico, cumárico, ferúlico e cinâmico, a bacarina e o veratraldeído, oscilou entre 0,5µg/ml e 9,3µg/ml com R^2 de 0,9982 a 0,9999. Os limites de detecção e quantificação para os ácidos cafeico, cumárico, ferúlico e cinâmico, a bacarina e o veratraldeído foram 0,27µg/ml e 0,83µg/ml; 0,24µg/ml e 0,71µg/ml; 0,85µg/ml e 2,58µg/ml; 0,65µg/ml e 1,96µg/ml; 1,58µg/ml e 4,80µg/m; 0,45µg/ml e 1,38µg/ml, respectivamente (Sousa et al., 2009a). Os parâmetros da curva analítica resultaram na estimativa do tamanho da amostra que pode ser detectada e quantificada. Visando avaliar os níveis de precisão de uma concentração próxima ao limite de quantificação, foi realizada análise em triplicata demonstrando o perfil cromatográfico de ácido cafeico na concentração de 1,10µg/ml (Figura 20).

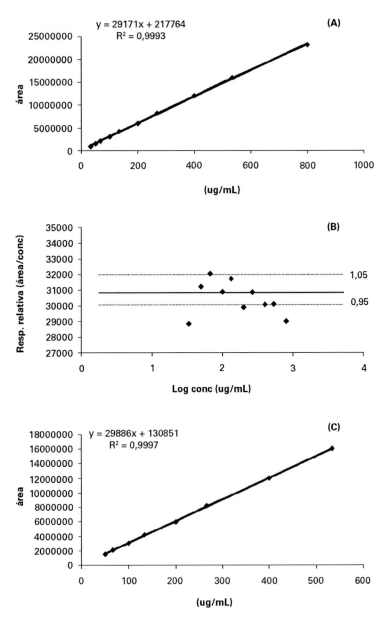

Figura 19 – Exemplo da linearidade da artepelina C. (A) Curva analítica com todos os pontos. (B) Gráfico para a determinação da faixa linear de trabalho. (C) Curva analítica obedecendo à faixa linear de trabalho estipulada (Sousa, 2007)

BACCHARIS DRACUNCULIFOLIA   81

A precisão intraensaio, ou repetibilidade, foi dada pelo coeficiente de variação (CV %) de seis amostras preparadas no mesmo dia e pelo mesmo analista, seguindo o procedimento descrito por Sousa (2007). A precisão interensaio ou intermediária seguiu os mesmos parâmetros utilizados na determinação da repetibilidade, porém foi realizada por dois analistas, sendo um deles o então aluno de doutorado Luiz Elídio Gregório (FFCLRP-USP) e em dias diferentes. Considerando todos os fenólicos apresentados na Tabela 3, os coeficientes encontrados para cada componente estiveram abaixo de 15%, tanto para repetibilidade quanto para precisão intermediária (ibidem). Segundo Ribani et al. (2004), métodos que quantificam compostos em macroquantidades requerem CV de 1% a 2%. Em métodos de análise de microquantidades, envolvendo matrizes complexas, são aceitos coeficientes de até 20% (ibidem). Com base nesses resultados pode-se afirmar que o método empregado apresenta boa precisão.

Nos estudos de recuperação, os ácidos cafeico, ferúlico e cinâmico foram avaliados em três diferentes concentrações, as quais variaram entre: baixa (107µg/ml a 117µg/ml), média (215µg/ml a 234µg/ml) e alta (430µg/ml a 467µg/ml). Para o ácido cafeico foram obtidos valores de recuperação entre 88% e 90%, coeficiente de variação (CV) de 0,69% a 2,72% e erro padrão (exatidão) entre -7% a -10,5%. Já com relação ao ácido ferúlico, foi possível recuperar entre 89% e 92 %, com valores de CV de 2% a 6% e erro padrão entre 7,5% a -10%. A recuperação do ácido cinâmico foi de 91% a 93%, com CV de 1% a 3% e erro padrão entre -6% a -8% (Sousa et al., 2009a). Utilizando o padrão secundário, foi possível calcular a recuperação do padrão interno, a qual foi, em média, de 81%, com CV de 3,4% e exatidão de -12%. Os intervalos aceitáveis de recuperação geralmente estão entre 70% e 120%, com exatidão de até ± 15% (Sousa, 2007).

A robustez do método analítico de extração foi realizada conforme o teste de *Youden* estabelecido pelo Inmetro (2003) e citado por Ribani, et al. (2004). Neste, elabora-se uma matriz de fatores contendo cinco experimentos para oito combinações. Todos os fa-

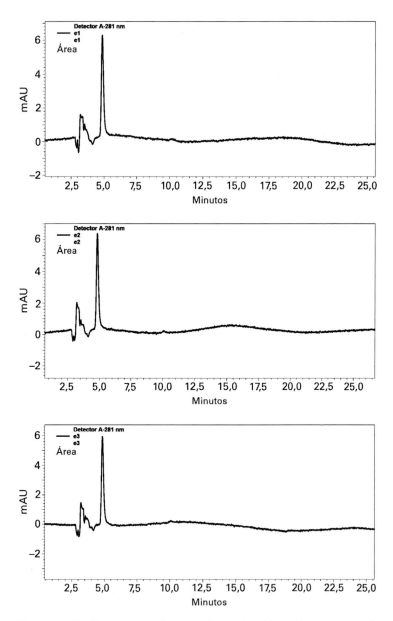

Figura 20 – Perfis cromatográficos ampliados de ácido cafeico com cerca de 1,10μg/ml. Destaca-se a reprodução do método em concentração próxima ao limite de quantificação (Sousa, 2007)

tores e a matriz de fatores estão apresentados na Tabela 4. Nesse teste os fatores nominais são codificados pelas letras maiúsculas, e as variações, pelas letras minúsculas. Realizando a combinação *1*, o resultado será s; realizando a combinação *2* o resultado será t, e assim sucessivamente. Para determinar a variação de um fator, encontram-se as quatro combinações correspondentes às letras maiúsculas e as quatro combinações que representam as letras minúsculas. Em seguida, calcula-se a diferença das médias dos dois grupos. Por exemplo, ao calcular as variações de A, o cálculo do fator de A/a será: $A/a = \{[(s + t + u + v)/4]-[(w + x + y + z)/4]\}$.

Tabela 4 – Fatores e matriz de fatores para determinação da robustez do método de extração

Fatores	Código – nominal	Código – variação
Tamanho da amostra	A – 500mg	a – 450mg
Tamanho da partícula	B – 46mesh	b – 16mesh
Frequência de agitação	C – 170RPM	c – 150RPM
Temperatura de extração	D – 40 °C	d – 30 °C
Tempo de extração	E – 2h	e – 1,5h

Combinações Nº experimentos	Matriz de fatores							
	1	2	3	4	5	6	7	8
A ou a	A	A	A	A	a	a	a	a
B ou b	B	B	b	b	B	B	b	b
C ou c	C	c	C	c	C	c	C	c
D ou d	D	D	d	d	d	d	D	D
E ou e	E	e	E	e	e	E	e	E
Resultados	s	t	u	v	w	x	y	z

Aplicando-se o procedimento de avaliação, seguindo a matriz de fatores, obtêm-se as seguintes combinações (Sousa et al., 2009a):

s: nenhuma variação (utiliza-se a metodologia desenvolvida);

t: variações de frequência de agitação e tempo de extração;

u: variações do tamanho da partícula e da temperatura de extração;

v: variações do tamanho da partícula, da frequência de agitação, da temperatura de extração e do tempo de extração;

w: variações do tamanho da amostra, da temperatura de extração e do tempo de extração;

x: variações do tamanho da amostra, da frequência de agitação e da temperatura de extração;

y: variações do tamanho da amostra, do tamanho da partícula e do tempo de extração;

z: variações do tamanho da amostra, do tamanho da partícula e da frequência de agitação.

A frequência de agitação, a temperatura de extração e o tempo de extração em relação aos fenólicos em análise foram robustos, respeitando o limite máximo de erro relativo de 10% (Sousa et al., 2007a). Portanto os resultados são condizentes e permitem inferir que é imprescindível manter o tamanho da amostra e da partícula durante a execução da metodologia (Sousa et al., 2009a).

Os compostos fenólicos divulgados na Tabela 3 possuem importantes influências nas atividades biológicas de amostras de *Baccharis dracunculifolia* e própolis verde. Conforme já mencionado, a *Baccharis dracunculifolia* é a principal fonte botânica para que *Apis mellifera* L. produza esse tipo de própolis. Por isso, o método cromatográfico divulgado neste livro foi desenvolvido e validado para garantir a autenticidade desses dois tipos de matrizes (Sousa et al., 2007a; Sousa et al., 2009a). Por se tratarem de matrizes diferentes, foram desenvolvidos distintos métodos analíticos de extração, e os resultados de precisão, recuperação, exatidão e robustez foram diferenciados, mas dentro de valores aceitáveis. Portanto, esse método cromatográfico é capaz de detectar e quantificar dez compostos fenólicos, pertencentes a diferentes classes químicas, com precisão e exatidão. A Figura 21 apresenta o perfil cromatográfico de amostra de própolis verde, demonstrando a versatilidade e seletividade desse método.

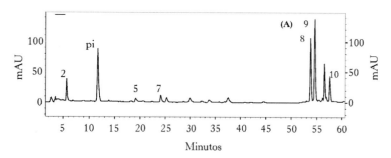

Figura 21 – Perfil cromatográfico, em 280nm, de amostra de própolis verde. A numeração obedece à legenda da Tabela 3. pi: veratraldeído (Sousa et al., 2007a). As condições cromatográficas estão descritas na Figura 17

O método analítico desenvolvido em cromatografia líquida de alta eficiência mostrou-se adequado para as análises de matérias-primas, incluindo a *Baccharis dracunculifolia* e a própolis verde, bem como os produtos intermediários, incluindo extratos e tinturas, e também produtos acabados. Assim, a metodologia desenvolvida é recomendada para uso rotineiro na pesquisa e nas indústrias do setor.

CONCLUSÕES

A *Baccharis dracunculifolia* é reconhecida não somente por ser fonte de própolis em certas regiões brasileiras, mas também por suas inúmeras propriedades biológicas, tais como antiviral, imunomoduladora, anti-inflamatória, antiúlcera, antimicrobiana e antiparasitária, entre outras.

Todas as etapas realizadas cuidadosamente ao se trabalhar com essa planta são apresentadas didaticamente neste livro.

O grande avanço no conhecimento fundamental quanto aos aspectos fitoquímicos, analíticos e de cultivo, com embasamento científico, após intensa investigação dessa planta e de seus componentes isolados, aponta o potencial farmacológico e terapêutico da *Baccharis dracunculifolia*, o que é de grande interesse para o meio acadêmico e também para a indústria farmacêutica.

REFERÊNCIAS BIBLIOGRÁFICAS

ADAMS, R. P. *Identification of Essential Oil Components by Gas Chromatography Quadrupole Mass Spectroscopy.* Carol Stream: Allure Publishing Corporation, 2001.

AIT MBAREK, L. A. et al. Anti-tumor Properties of Blackseed (*Nigella sativa* L.) Extracts. *Brazilian Journal of Medical and Biological Research*, [s.l], v.40, p.839-47, 2007.

AKAO, Y. et al. Cell Growth Inhibitory Effect of Cinnamic Acid Derivates from Propolis on Human Tumor Cell Lines. *Biological and Pharmaceutical Bulletin*, [s.l], v.26, p.1057-9, 2003.

ALVAREZ, M. E. et al. Phytochemical Study and Anti-inflammatory Properties of *Lampaya hieronymi* Schum. Ex Moldenke. *Il Farmaco*, [s.l.], v.55, p.502-5, 2000.

ANDRADE, S. F. *Avaliação das atividades analgésica, anti-inflamatória, antiúlcera, antifertilidade e antibacteriana sobre Streptococcus mutans do extrato bruto, frações e substância isolada das cascas do caule de Austroplenckia populnea (Reiss) Lund (Celastraceae).* Ribeirão Preto, 2005. 135p. Tese (Doutorado em Ciências Farmacêuticas) – Faculdade de Ciências Farmacêuticas da Universidade de São Paulo.

ANVISA. Resolução – RE n° 899, 29 de maio de 2003. Guia para validação de métodos analíticos e bioanalíticos.

BANKOVA, V. Chemical Diversity of Propolis and the Problem of Standardization. *Journal of Ethnopharmacology*, [s.l.], v.100, p.114-7, 2005.

_____; CASTRO, S. L.; MARCUCCI, M. C. Propolis: Recent Advances in Chemistry and Plant Origin. *Apidologie*, [s.l.], v.31, p.3-15, 2000.

_____. et al. Seasonal Variations of the Chemical Composition of Brazilian Propolis. *Apidologie*, [s.l], v.29, p.361-7, 1998.

_____. et al. Phytochemical Evidence for the Plant Origin of Brazilian Propolis from São Paulo State. *Zeitschrift für Naturforschung*, [s.l.], v.54c, p.401-5, 1999.

BANSKOTA, A. H; TEZUKA, Y.; KADOTA, S. Recent Progress in Pharmacological Research of Propolis. *Phytotherapy Research*, [s.l.], v.15, p.561-71, 2001.

_____. et al. Antiproliferative Activity of the Netherlands Propolis and its Active Principles in Cancer Cell Lines. *Journal of Ethnopharmacology*, [s.l.], v.80, p.67-73, 2002.

BARROS, M. P. et al. Effect of Brazilian Green Propolis on Experimental Gastric Ulcers in Rats. *Journal of Ethnopharmacology*, [s.l.], v.110, p.567-71, 2007.

_____. et al. Evaluation of Antiulcer Activity of the Main Phenolic Acids Found in Brazilian Green Propolis. *Journal of Ethnopharmacology*, [s.l.], v.120, n.3, p.372-7, 2008.

BASTOS, E. M. *Origem botânica e indicadores de qualidade da "própolis verde" produzida no estado de Minas Gerais, Brasil*. Ribeirão Preto, 2001. 137p. Tese (Doutorado) – Faculdade de Filosofia, Ciências e Letras de Ribeirão Preto, Universidade de São Paulo.

BAUER, R.; TITTLEL, G. Quality Assessment of Herbal Preparations as a Preconization of Pharmacological and Clinical Studies. *Phytomedine*, [s.l.], v.2, n.3, p.193-8, 1996.

BOHLMANN, F. et al. Five Diterpenes and Other Constituents from nine *Baccharis* Species. *Phytochemistry*, [s.l.], v.20, p.1907-13, 1981.

_____; ZDERO, C. Systematics and Evolution within the Compositae Seen with the Eyes of a Chemist. *Plants Systematic and Evolution*, [s.l.], v.171, p.1-14, 1990.

BOLDT, P. E. *Baccharis* (Asteraceae): a Review of its Taxonomy, Phytochemistry, Ecology, Economic Status, Natural Enemies and the Potential for its Biological Control in the United States. USDA. *Agricultural Research Service*, Temple, 33p., 1989.

BÚFALO, M. C.; CANDEIAS, J. M. G.; SFORCIN, J. M. *In Vitro* Cytotoxic Effect of Brazilian Green Propolis on Human Laryngeal Epidermoid Carcinoma (HEp-2) cells. *Evidence-based Complementary and Alternative Medicine*, [s.l.], v.6, p.483-7, 2009.

_____. et al. Absence of Propolis Effect on Plasma Glycaemic Control and Lipid Metabolism in a Diabetic Rat Model. *Journal of ApiProduct and ApiMedical Science*, [s.l.], v.1, p.51-5, 2009a.

_____. et al. Anti-Poliovirus Activity of *Baccharis dracunculifolia* and Propolis by Cell Viability Determination and Real-Time PCR. *Journal of Applied Microbiology*, [s.l.], v.107, p.1669-80, 2009b.

_____. et al. *In Vitro* Cytotoxic Activity of *Baccharis dracunculifolia* and Propolis Against HEp-2 cells. *Natural Product Research*, v.24, p.1710-8, 2010.

BURDOCK, G. A. Review of the Biological Properties and Toxicity of Bee Propolis (Propolis). *Food and Chemical Toxicology*, [s.l.], v.36, p.347-63, 1998.

CASS, Q. B.; DEGANI, A. I. G. *Desenvolvimento de método para HPLC, fundamentos estratégias e validação*. São Carlos: EdUFSCar, 2001

CASTALDO, S.; CAPASSO, F. Propolis, an Old Remedy Used in Modern Medicine. *Fitoterapia*, [s.l.], v.73, p.S1-S6, 2002.

CHAN-BACAB, M. J.; PEÑA-RODRÍGUEZ, L. M. Plant Natural Products with Leishmanicidal Activity. *Natural Products Report*, [s.l.], v.18, p.674-88, 2001.

CHASIN, A. A. M.; CHASIN, M.; SALVADORI, M. C. Validação de métodos cromatográficos em análises toxicológicas. *Revista de Farmácia e Bioquímica*, Universidade de São Paulo, v.30, p.49-53, 1994.

CHU, W. H. Adjuvant Effect of Propolis on Immunization by Inactivated *Aeromonas hydrophila* in Carp (*Carrassius auratus gibelio*). *Fish & Selfish Immunology*, [s.l.], v.21, p.113-7, 2006.

CIFUENTE, D. A. et al. Anti-Inflammatory Activity from Aerial Parts of *Baccharis medullosa*, *Baccharis rufescens* and *Laennecia sophiifolia* in Mice. *Phytotherapy Research*, v.15, p.529-31, 2001.

COURA, J. R.; DE CASTRO, S. A Critical Review on Chagas Disease Chemotherapy. *Memórias do Instituo Oswaldo Cruz*, Rio de Janeiro, v.97, p.3-24, 2002.

CUNHA, I. B. S. et al. Factors that Influence the Yield and Composition of Brazilian Propolis Extracts. *Journal of the Brazilian Chemical Society*, [s.l.], v.15, p.964-70, 2004.

DA SILVA FILHO, A. A. *Nectandra megapotamica* (Lauraceae): estudo fitoquímico e atividade biológica. Ribeirão Preto, 2001. 161p. Dissertação (Mestrado) – Faculdade de Ciências Farmacêuticas de Ribeirão Preto.

_____. *Estudo fitoquímico, de cultivo e das atividades biológicas de Baccharis dracunculifolia D.C. (Asteraceae), a principal fonte botânica da própolis verde*. Ribeirão Preto, 2006. 188p. Tese (Doutorado) – Faculdade de Ciências Farmacêuticas de Ribeirão Preto, Universidade de São Paulo.

_____. et al. *In Vitro* Trypanocidal Activity Evaluation of Crude Extract and Isolated Compounds from *Baccharis dracunculifolia* D.C. (Asteraceae). *Journal of Pharmacy and Pharmacology*, [s.l.], v.56, p.1195-9, 2004a.

_____. et al. Evaluation of Analgesic and Anti-Inflammatory Activities of *Nectandra megapotamica* (Lauraceae) in Mice and Rats. *Journal of Pharmacy and Pharmacology*, [s.l.], v.56, p.1179-84, 2004b.

_____. et al. Tetrahydrofuran Lignans from *Nectandra megapotamica* with Trypanocidal Activity. *Journal of Natural Products*, v.67, p.42-5, 2004c.

_____. et al. Antimicrobial Activity of the Extract and Isolated Compounds from *Baccharis dracunculifolia* D.C. (Asteraceae). *Zeitschrift für Naturforschung C*, [s.l.], v.63, p.40-6, 2008a.

_____. et al. Antileishmanial and Antimalarial Activities of Tetrahydrofuran Lignans Isolated from *Nectandra megapotamica* (Lauraceae). *Phytotherapy Research*, [s.l.], v.22, p.1307-10, 2008b.

_____. et al. *In Vitro* Antileishmanial, Antiplasmodial and Cytotoxic Activities of Phenolics and Triterpenoids from *Baccharis dracunculifolia* D.C. (Asteraceae). *Fitoterapia*, v.80, p.478-82, 2009.

DE CASTRO, S. L. Propolis: Biological and Pharmacological Activities. Therapeutic Uses of this Bee-Product. *Annual Review of Biomedical Science*, [s.l.], v.3, p.49-83, 2001.

DI ROSA, M. Biological Properties of Carrageenan. *Journal of Pharmacy and Pharmacology*, [s.l], v.24, p.89-102, 1972.

DOUGLAS, C. R. *Fisiologia da inflamação*: tratado de fisiologia aplicada às ciências da saúde. 1.ed. São Paulo: Robe editorial, 1994. 1422p.

DUARTE, S. et al. Effect of a Novel Type of Propolis and its Chemical Fractions on Glucosyltransferasesand on Growth and Adherence of Mutans Streptococci. *Biological and Pharmaceutical Bulletin*, [s.l.], v.26, p.527-31, 2003.

ESPÍRITO-SANTO, M. M. et al. Sexual Differences in Reproductive Phenology and their Consequences for the Demography of *Baccharis dracunculifolia* (Asteraceae), a Dioecious Tropical Shrub. *Annals of Botany*, [s.l.], v.91, p.13-9, 2003.

FACCIN, L. C et al. Antiviral Activity of Aqueous and Ethanol Extracts and of an Isolated Polysaccharide from *Agaricus brasiliensis* Against Poliovirus Type 1. *Letters in Applied Microbiology*, [s.l.], v.45, p.24-8, 2007.

FELIPE, A. M. M. et al. Antiviral Effect of *Guazuma ulmifolia* and *Stryphnodendron adstringens* on Poliovirus and Bovine Herpesvirus. *Biological and Pharmaceutical Bulletin*, [s.l.], v.29, p.1092-5, 2006.

FERESIN G. E. et al. Constituents of the Argentinian Medicinal Plant *Baccharis grisebachii* and their Antimicrobial Activity. *Journal of Ethnopharmacology*, [s.l.], v.89, p.73-80, 2003.

FREITAS, S. F. et al. *In Vitro* Effects of Propolis on *Giardia duodenalis* Trophozoites. *Phytomedicine*, [s.l.], v.13, p.170-5, 2006.

FERRACINI, V. L. *Óleos essenciais de Baccharis e sua interação com insetos polinizadores*. Campinas, 1995. 205p. Tese (Doutorado) – Universidade de Campinas.

FISCHER, G. et al. Immunomodulation Produced by a Green Propolis Extract on Humoral and Cellular Responses of Mice Immunized with SuHV-1. *Vaccine*, [s.l.], v.25, p.1250-6, 2007.

FUKUDA, M. et al. Studies on the Constituents of the Leaves of *Baccharis dracunculifolia* (Asteraceae) and their Cytotoxic Activity. *Chemical & Pharmaceutical Bulletin*, [s.l.], v.54, p.1465-8, 2006.

GEKKER, G. et al. Anti-HIV-1 Activity of Propolis in CD4+ Lymphocyte and Microglial Cell Cultures. *Journal of Ethnopharmacology*, [s.l.], v.102, p.158-63, 2005.

GONÇALVEZ, A. L.; ALVES FILHO, A.; MENEZES, A. Estudo comparativo da atividade antimicrobiana de extratos de algumas árvores nativas. *Arquivos do Instituto Biológico*, [s.l.], v.72, p.353-8, 2005.

HARVEY, A. Strategies for Discovering Drugs from Previously Unexplored Natural Products. *Drugs Discovery Today*, [s.l.], v.5, p.294-300, 2000.

HULEIHEL, M.; ISANU, V. Anti-Herpes Simplex Virus Effect of an Aqueous Extract of Propolis. *Israel Medical Association Journal*, [s.l.], v.4, p.923-7, 2002.

INMETRO. DOQ-CGCRE – 008, 1 de março de 2003. Orientações sobre validação de métodos de ensaios químicos.

INTERNATIONAL CONFERENCE ON HARMONIZATION OF TECHNICAL REQUIREMENTS FOR REGISTRATION OF PHARMACEUTICALS FOR HUMAN USE. *Validation of Analytical Procedures*. Genebra, 1994.

JAIN, N. K.; KULKARNI, S. K.; SINGH, A. Role of Cysteinyl Leucotrienes in Nociceptive and Inflammatory Conditions in Experimental Animals. *European Journal of Pharmacology*, [s.l.], v.423, p.85-92, 2001.

JIN, U. H. et al. Caffeic Acid Phenethyl Induces Mitochondria-Mediated Apoptosis in Human Myeloid Leukemia U937 Cells. *Molecular and Cellular Biochemistry*, [s.l.], v.310, p.43-8, 2008.

JORGE, R. et al. Brazilian Propolis: Seasonal Variation of the Prenylated p-Coumaric Acids and Antimicrobial Activity. *Pharmaceutical Biology*, [s.l.], v.46, p.889-93, 2008.

KAYSER, O.; KIDERLEN, A. F.; CROFT, S. L. Natural Products as Potencial Antiparasitic Drugs. *Studies in Natural Products Chemistry*, [s.l.], v.26, p.779-848, 2002.

KLOPELL, F. C. et al. Nerolidol, an Antiulcer Constituent from Essential Oil of the *Baccharis dracunculifolia* DC (Asteraceae). *Zeitschrift für Naturforschung C*, [s.l.], v.62, p.537-42, 2007.

KOO, H. et al. Effect of a New Variety of *Apis mellifera* Propolis on Mutans Streptococci. *Current Microbiology*, [s.l.], v.41, n.3, p.192-6, 2000.

_____. et al. Effect of Compounds Found in Propolis on *Streptococcus mutans* Growth and on Glucosyltransferase Activity. *Antimicrobial Agents and Chemotherapy*, [s.l.], v.46, p.1302-9, 2002.

KONTUREK, P. C. et al. Involvement of Nitric Oxide and Prostaglandins in Gastroprotection Induced by Bacterial Lipoplysaccharide. *Scandinavian Journal of Gastroenterology*, [s.l.], v.33, p.691-700, 1998.

KUJUMGIEV, A. et al. Antibacterial, Antifungal and Antiviral Activity of Propolis of Different Geographic Origin. *Journal of Ethnopharmacology*, [s.l.], v.64, p.235-40, 1999.

KUMAZAWA, S. et al. Direct Evidence for the Plant Origin of Brazilian Propolis by the Observation of Honeybee Behavior and Phytochemical Analysis. *Chemical and Pharmaceutical Bulletin*, [s.l.], v.51, n.6, p.740-2, 2003.

LANÇAS, F. M. *Validação de métodos cromatográficos de análises*. São Carlos: RiMa, 2004.

LEE, Y. J. et al. Preferential Cytotoxicity of Caffeic Acid Phenethyl Ester Analogues on Oral Cancer Cells. *Cancer Letters*, [s.l.], v.153, p.51-6, 2000.

_____. et al. Cytotoxic of Phenolic Acid Phenethyl Esters on Oral Cancer Cells. *Cancer Letters*, v.223, p.19-25, 2005.

LEITÃO, D. P. S. et al. Comparative Evaluation of *in Vitro* Effects of Brazilian Green Propolis and *Baccharis dracunculifolia* Extracts on Cariogenic Factors of *Streptococcus mutans*. *Chemical and Pharmaceutical Bulletin*, [s.l.], v.27, n.11, p.1834-9, 2004.

LEMOS, M. et al. *Baccharis dracunculifolia*, the Main Botanical Source of Brazilian Green Propolis, Displays Antiulcer Activity. *Journal of Pharmacy and Pharmacology*, [s.l.], v.59, p.603-8, 2007.

LIMA, M. G. *Efeito de variáveis ambientais, rainhas selecionadas e sistemas coletores na produção de própolis por abelhas africanizadas Apis mellifera (Hymenoptera, Apoidea)*. Rio Claro, 2005, 73p. Tese (Doutorado) – Instituto de Biociências, Unesp..

LOPES, F. C.; BANKOVA, V.; SFORCIN, J. M. Effect of Three Vegetal Sources of Propolis on Macrophages Activation. *Phytomedicine*, [s.l.], v.10, p.343, 2003.

MAGALHÃES, L. G. et al. *In Vitro* Schistosomicidal Activity of Curcumin Against *Schistosoma mansoni* Adult Worms. *Parasitology Research*, [s.l.], v.104, p.1197-201, 2009.

MANI, F. et al. Propolis: Effect of Different Concentrations, Extracts and Intake Period on Seric Biochemical Variables. *Journal of Ethnopharmacology*, [s.l.], v.105, p.95-8, 2006.

_____. et al. Biochemical Determinations of Propolis-Treated Rats: Effects of Different Concentrations, Extracts and Intake Period. *Biosaúde*, [s.l.], v.10, p.3-16, 2008.

MARCUCCI, M. C. et al. Phenolic Compounds from Brazilian Propolis with Pharmacological Activities. *Journal of Ethnopharmacology*, [s.l.], v.74, p.105-12, 2001.

MASSIGNANI, J. J. et al. Antiulcerogenic Activity of the Essential Oil of *Baccharis dracunculifolia* on Different Experimental Models in Rats. *Phytotherapy Research*, v.23, p.1355-60, 2009.

MATS UMOTO, H. et al. Inductions of Cyclooxygenase-2 Causes an Enhancement of Writing Response in Mice. *European Journal of Pharmacology*, [s.l.], v.352, p.47-52, 1998.

MENDES, G. L. et al. Assessment of Mechanisms Involved in Antinociception Caused by Sesquiterpene Polygodial. *Journal of Pharmacology and Experimental Therapy*, [s.l.], v.292, p.164-72, 2000.

MIDORIKAWA, K. et al. Buds of *Baccharis dracunculifolia*: Potent Source of Biologically Active Caffeoylquinic Acids and Labdane--Type Diterpenes of Brazilian Propolis. *Journal of Traditional Medicine*, [s.l.], v.20, p.187-94, 2003.

MIRZOEVA, O. K.; GRISHANIN, R. N.; CALDER, P. C. Antimicrobial Action of Propolis and its Components, the Effects on Growth Membrane Potential, and Motility of Bacteria. *Microbiological Research*, [s.l.], v.152, p.239-46, 1997.

MISSIMA, F. et al. Effects of *Baccharis dracunculifolia* D.C. (Asteraceae) Extracts and its Isolated Compounds on Macrophage Activation. *Journal of Pharmacy and Pharmacology*, [s.l.], v.59, p.463-8, 2007.

_____; SFORCIN, J. M. Green Brazilian Propolis Action on Macrophages and Lymphoid Organs of Chronically Stressed Mice. *Evidence--based Complementary and Alternative Medicine*, [s.l.], v.5, p.71-5, 2008.

_____. et al. The Effects of Propolis on Pro-Inflammatory Cytokines Produced by Melanoma-Bearing Mice Submitted to Chronic Stress. *Journal of ApiProduct and ApiMedical Science*, [s.l.], v.1, p.11-5, 2009.

_____. et al. Propolis Effect on Th1/Th2 Cytokines Expression and Production by Melanoma-Bearing Mice Submitted to Stress. *Phytotherapy Research*, v.24, p.1501-7, 2010.

MORENO, M. I. N. et al. Evaluation of the Cytotoxicity, Genotoxicity, Mutagenicity and Antimutagenicity of Propolis from Tucuman, Argentina. *Journal of Agricultural and Food Chemistry*, [s.l.], v.53, p.8957-62, 2005.

MUKHTAR, M. et al. Antiviral Potentials of Medicinal Plants. *Virus Research*, [s.l.], v.131, p.111-20, 2008.

MUNARI, C. C. et al. Mutagenicity and Antimutagenicity of *Baccharis dracunculifolia* Extract in Chromosomal Aberration Assays in Chinese Hamster Ovary Cells. *Planta Med.*, [s.l.], v.74, p.1363-7, 2008.

MURAD, J. M. et al. Effects of Propolis from Brazil and Bulgaria on Fungicidal Activity of Macrophages Against *Paracoccidioides brasiliensis*. *Journal of Ethnopharmacology*, [s.l.], v.79, p.331-4, 2002.

NAGATANI, Y.; WARASHINA, T.; NORO, T. Studies on the Constituents from the Aerial Part of *Baccharis dracunculifolia* DC. *Chemical and Pharmaceutical Bulletin*, [s.l.], v.49, n.11, p.1388-94, 2001.

_____; _____; _____. Studies on the Constituents from the Aerial Part of *Baccharis dracunculifolia* DC. II. *Chemical and Pharmaceutical Bulletin*, [s.l.], v.50, n.5, p.583-9, 2002a.

_____; _____; _____. Studies on the Constituents from the Aerial Part of *Baccharis dracunculifolia* DC. III. *Natural Medicine*, [s.l.] v.56, n.5, p.195-7, 2002b.

ORSATTI, C. L. et al. Propolis Immunomodulatory Action *in Vivo* on Toll--Like Receptors 2 and 4 Expression and on Pro-Inflammatory Cytokines Production in Mice. *Phytotherapy Research*, v.24, p.1141-6, 2010.

ORSI, R. O. et al. Immunomodulatory Action of Propolis on Macrophage Activation. *Journal of Venomous Animals and Toxins*, [s.l.], v.6, p.205-19, 2000.

_____. et al. Effects of Brazilian and Bulgarian Propolis on Bactericidal Activity of Macrophages Against *Salmonella* Typhimurium. *International Immunopharmacology*, [s.l.], v.5, p.359-68, 2005.

PAGLIARONE, A. C. et al. Propolis Effect on Th1/Th2 Cytokines Production by Acutely Stressed Mice. *Journal of Ethnopharmacology*, [s.l.], v.125, p.203-33, 2009a.

_____. et al. Propolis Effects on Pro-Inflammatory Cytokines Production and Toll-Like Receptor 2 and 4 Expression in Stressed Mice. *International Immunopharmacology*, [s.l.], v.9, p.1352-6, 2009b.

PALOMINO, S. S. et al. Screening of South American Plants Against Human Immunodeficiency Virus: Preliminary Fractionation of Aqueous Extract from *Baccharis trinervis*. *Biological and Pharmaceutical Bulletin*, [s.l.], v.25, p.1147-50, 2002.

PARK, Y. K.; ALENCAR, S. M.; AGUIAR, C. L. Botanical Origin and Chemical Composition of Brazilian Propolis. *Journal of Agricultural and Food Chemistry*, [s.l.], v.50, p.2502-6, 2002.

_____. et al. Chemical Constituents in *Baccharis dracunculifolia* as the Main Botanical Origin of Southeastern Brazilian Propolis. *Journal of Agricultural and Food Chemistry*, [s.l.], v.52, p.1100-3, 2004.

PAULINO, N. et al. Evaluation of the Analgesic and Anti-Inflammatory Effects of a Brazilian Green Propolis. *Planta Med.*, [s.l.], v.72, n.10, p.899-906, 2006.

_____. et al. Anti-Inflammatory Effects of a Bioavailable Compound, Artepillin C, in Brazilian Propolis. *European Journal of Pharmacology*, [s.l.], v.587, p.296-301, 2008.

PELT, J. M. A revolução verde de medicina. *O Correio da Unesco*, São Paulo, ano 7, p.9, 1979.

PONTIN, K. et al. *In Vitro* and *in Vivo* Antileishmanial Activities of a Brazilian Green Propolis Extract. *Parasitology Research*, [s.l.], v.103, p.487-92, 2008.

RATES, S. M. K.; BARROS, H. M. T. Modelos animais para a avaliação da dor: métodos para triagem de novos analgésicos. *Brazilian Journal of Pharmacognosy*, [s.l.], v.75, n.2, p.31-4, 1994.

REEVE, A. J.; DICKENSON, A. H. The Roles of Spinal Adenosine Receptors in the Control of Acute and More Persistent Nociceptive Response of Dorsal Horn Neurons in the Anaesthetized Rat. *British Journal of Pharmacology*, [s.l.], v.116, p.2221-8, 1995.

REIS, C. M. F. et al. Atividade anti-inflamatória, antiúlcera gástrica e toxicidade subcrônica do extrato etanólico de própolis. *Brazilian Journal of Pharmacognosy*, [s.l.], v.10, p.43-52, 2000.

RESENDE, D. O. Estudo fitoquímico e investigação das atividades antioxidante e leishmanicida de extratos de *Baccharis dracunculifolia* D.C. (Asteraceae). Franca, 2009. 104p. Dissertação (Mestrado) – Universidade de Franca.

RESENDE, F. A. et al. Inhibition of Doxorubicin-Induced Mutagenicity by *Baccharis dracunculifolia*. *Mutation Research*, [s.l.], v.634, p.112-8, 2007.

RIBANI, M. et al. Validação em métodos cromatográficos e eletroforéticos. *Química Nova*, [s.l.], v.27, n.5, p.771-80, 2004.

_____; COLLINS, C. H.; BOTTOLI, C. B. G. Validation of Chromatographic Methods: Evaluation of Detection and Quantification Limits in the Determination of Impurities in Omeprazole. *Journal of Chromatography A*, [s.l.], v.1156, p.201-5, 2007.

SALATINO, A. et al. Origin and Chemical Variation of Brazilian Propolis. *Evidence-based Complementary and Alternative Medicine*, [s.l.], v.2, p.33-8, 2005.

SANTOS, D. A. et al. Anti-inflammatory and Antinociceptive Activies of *Baccharis dracunculifolia* DC (Asteraceae) in different experimental models. *Journal of Ethnopharmacology*, v.127, p.543-50, 2010.

SARTORI, D. R. S. et al. Propolis Effect on Streptozotocin-Induced Diabetic Rats. *Journal of Venomous Animals and Toxins including Tropical Diseases*, [s.l.], v.15, p.93-102, 2009.

SAWAYA, A. C. H. F. et al. Electrospray Ionization Mass Spectrometry Fingerprinting of Propolis. *Analyst*, [s.l.], v.129, p.739-744, 2004.

SCHANEBERG, B. T. et al. The Role of Chemical Fingerprinting: Application to *Ephedra*. *Phytochemistry*, [s.l.], v.62, p.911-8, 2003.

SCHELLER, S. et al. The Ability of Ethanol Extract of Propolis to Stimulate Plaque Formation in Immunized Mouse Spleen Cells. *Pharmacological Research Communications*, [s.l.], v.20, p.323-8, 1988.

SCHÜHLY, W.; KHAN, S. I.; FISCHER, N. H. Neolignans from North American *Magnolia* Species with Cyclooxygenase 2 Inhibitory Activity. *Inflammopharmacology*, [s.l.], v.17, p.106-10, 2009.

SERKEDJIEVA, J.; MANOLOVA, N.; BANKOVA, V. Anti-Influenza Virus Effect of Some Propolis Constituents and Their Analogues (Esters of Substituted Cinnamic Acids). *Journal of Natural Product*, [s.l.], v.55, p.294-7, 1992.

SFORCIN, J. M. Propolis and the Immune System: a Review. *Journal of Ethnopharmacology*, [s.l.], v.113, p.1-14, 2007.

_____. et al. Seasonal Effect on Brazilian Propolis Antibacterial Activity. *Journal of Ethnopharmacology*, [s.l.], v.73, p.243-9, 2000.

_____. et al. Seasonal Effect of Brazilian Propolis on *Candida albicans* and *Candida tropicalis*. *The Journal of Venomous Animals and Toxins*, [s.l.], v.7, p.139-44, 2001.

_____; KANENO, R.; FUNARI, S. R. C. Absence of Seasonal Effect on the Immunomodulatory Action of Brazilian Propolis on Natural Killer Activity. *Journal of Venomous Animals and Toxins*, [s.l.], v.8, p.19-29, 2002.

_____; NOVELLI, E. L. B.; _____. Seasonal Effect of Brazilian Propolis on Seric Biochemical Variables. *Journal of Venomous Animals and Toxins*, [s.l.], v.8, p.244-54, 2002.

_____; ORSI, R. O.; BANKOVA, V. Effects of Propolis, Some Isolated Compounds and its Source Plant on Antibody Production. *Journal of Ethnopharmacology*, [s.l.], v.98, p.301-5, 2005.

_____. et al. Propolis Effect on Th1/Th2 Cytokine Profile in Melanoma--Bearing Mice Submitted to Stress. *Scandinavian Journal of Immunology*, [s.l.], v.68, p.216-7, 2008.

SHABIR, G. A. Validation of High-Performance Liquid Chromatography Methods for Pharmaceutical Analysis. *Journal of Chromatography A*, [s.l.], v.987, p.57-66, 2003.

SIMÕES, L. M. C. et al. Effect of Brazilian green propolis on the production of reactive oxygen species by stimulated neutrophils. *Journal of Ethnopharmacology*, v.94, p.59-65, 2004.

SOUSA, J. P. B. *Influência da sazonalidade no perfil químico dos óleos essenciais e das substâncias fixas de Baccharis dracunculifolia cultivada, utilizando-se cromatografia em fases gasosa e líquida.* Ribeirão Preto, 2007. 164p. Dissertação (Mestrado) – Faculdade de Ciências Farmacêuticas de Ribeirão Preto, Universidade de São Paulo.

_____. et al. A Reliable Quantitative Method for the Analysis of Phenolic Compounds in Brazilian Propolis by Reverse Phase High Performance Liquid Chromatography. *Journal of Separation Science*, [s.l.],v.30, p.2656-65, 2007a.

_____. et al. Spray-Dried Propolis Extract, II: Prenylated Components of Green Propolis. *Pharmazie*, [s.l.], v.62, p.488-92, 2007b.

_____. et al. Perfis Físico-Químico e Cromatográfico de Amostras de Própolis Produzidas nas Microrregiões de Franca (SP) e Passos (MG). *Revista Brasileira de Farmacognosia*, [s.l.], v.17, p.85-93, 2007c.

_____. et al. A Validated Reverse-Phase HPLC Analytical Method for the Quantification of Phenolic Compounds in *Baccharis dracunculifolia*. *Phytochemical Analysis*, [s.l.], v.20, p.24-32, 2009a.

_____. et al. Seasonal Variation of the (*E*)-Nerolidol and Other Volatile Compounds Within Ten Different Cultivated Populations of *Baccharis dracunculifolia* D.C. (Asteraceae). *Journal of Essential Oil Research*, [s.l.], v.21, p.308-14, 2009b.

_____. et al. Seasonality Role on the Phenolics from Cultivated *Baccharis dracunculifolia*. *Evidence-based Complementary and Alternative Medicine*, no prelo.

SPRING, O. Chematoxonomy Based on Metabolites from Glandular Trichomes. *Advances in Botanical Research*, [s.l.], v.31, p.153-74, 2000.

TAVARES, D. C. et al. Propolis-induced genotoxicity and antigenotoxicity in Chinese hamster ovary cells. *Toxicology in Vitro*, vol. 20, p.1154-8, 2006.

TEIXEIRA, E. W. et al. Plant Origin of Green Propolis: Bee Behavior, Plant Anatomy and Chemistry. *Evidence-based Complementary and Alternative Medicine*, [s.l.], v.2, p.85-92, 2005.

THOMPSON, M. et al. Harmonized Guidelines for the Use of Recovery Information in Analytical Measurement. *Pure and Applied Chemistry*, [s.l.], v.71, p.337-48, 1999.

_____; ELLISON, S. L. R.; WOOD, R. Harmonized Guidelines for Single-Laboratory Validation of Methods of Analysis (IUPAC Technical Report). *Pure and Applied Chemistry*, [s.l.], v.74, n.5, p.835-55, 2002.

TROWBRIDGE, H. O.; EMLING, R. C. Mediadores químicos da resposta vascular. In: *Inflamação*: uma revisão do processo. São Paulo: Quitessence Publishing,, 1996 p.27-42.

VERDI, L. G.; BRIGHENTE, I. M. C.; PIZZOLATTI, M. C. Gênero *Baccharis* (Asteraceae): aspectos químicos, econômicos e biológicos. *Química Nova*, [s.l], v.28, n.1, p.85-94, 2005.

VESSMAN, J. et al. Selectivity in Analytical Chemistry (IUPAC Recommendation). *Pure and Applied Chemistry*, [s.l.], v.73, n.8, p.1381-6, 2001.

VIEIRA, R. F. Coleta e conservação de recursos genéticos de plantas medicinais. In: *Congresso Brasileiro de Medicina e Terapias Naturais*. Brasília. Trabalhos. São Paulo: Instituto Médico Serphis, 1994, p.44-9.

WILLIAMSON, E. M. et al. Selection, Preparation and Pharmacological Evaluation of Plant Material. Anti-Inflamatory and SAnalgesic Activity. In: *Pharmacological Methods in Phytotherapy Research*. New York: John Wiley & Sons, 1996, p.131-54. V.1.

ZDERO, F. C. et al. *Ent*-Clerodanes and Other Constituents from Bolivian *Baccharis* species. *Phytochemistry*, [s.l], v.28, n.2, p.531-42, 1989.

SOBRE O LIVRO

Formato: 14 x 21 cm
Mancha: 23,7 x 42,5 paicas
Tipologia: Horley Old Style 10,5/14
Papel: Off-set 75 g/m² (miolo)
Cartão Supremo 250 g/m² (capa)
1ª edição: 2012

EQUIPE DE REALIZAÇÃO

Coordenação Geral
Marcos Keith Takahashi

Impressão e Acabamento:

psi 7

Printing Solutions & Internet 7 S.A